NF文庫
ノンフィクション

戦術学入門

戦術を理解するためのメモランダム

木元寛明

潮書房光人社

戦術の不易流行——まえがきとして

身の丈にあった参考書がなく、ならば自分で書こう、というのが本書執筆の動機。

それは、戦争と政治あるいは戦略といった面では、日本語で読める書物も多く出版されるようになったが、戦術を全体的に概観できる本がないというのがわが国の現状。したがって、その戦術を知るためのガイドブックをまとめてみよう、と考えた次第。

戦術を総合的に語るだけの力量を欠いていることは、筆者自身自覚したうえのことだ。一つだけ資格があるとすれば、野戦指揮官をめざした過程で多くの時間を戦術の学習についやし、戦術学という手製文庫の中にいくつかのファイルを準備できていることだ。

今日では、書店の棚に、戦争学あるいは戦略に関する本が多くならぶようになった。著者の多くは欧米の著名な研究者や大学教授である。これらの著書が翻訳され、出版されるということは、それだけ需要があるということだろう。

戦略の下位概念である戦術は、軍隊を運用して戦勝を獲得するためのアート（術）およびサイエンス（科学）で、その大半はアートの分野に属する暗黙知の世界。

戦術をマスターするためには、知識として基礎理論を学び、実際に部隊を動かしてそれを体験へと昇華し、戦史による実効性の検証が必要。すなわち知識・体験・検証の三位一体が不可欠ということ。

戦術は軍人が生涯をかけて学ぶもの、虎の巻といった安直な手はない。

軍人とくに野戦指揮官は、軍隊を運用して任務を遂行する専門家として、暗黙知の部分をふくめて戦術を完璧に身につけなければならない。軍事専門家ではない一般の人は、戦術の基礎理論を知ればじゅうぶんであろう。この基礎理論の分野が「戦術学」である。

人生の大半を戦術の修得・実践につとめた者は、そのなにがしかを社会に還元する義務がある、と（自分勝手に）考えた次第。自らの意気ごみは壮とするも、戦術は単純なようで奥が深く、これでよしという到達ラインや目標はない。

人類の歴史は闘争の歴史である。

その英知が戦術理論の中に結晶しており、戦術は戦いに勝つためのヒントに満ちている。本書は、「戦術学」という手製文庫を開けて個々のファイルを取り出し、「戦術を理解するためのメモランダム」とのサブタイトルを付して世に問うものである。

虎の巻はないと断言したが、まさに数十年にわたる経験からの結論である。反面、戦術を平易に学べる参考書がほしい、というのもまた偽らざる本心である。この思いは退官後も変わらず、「戦術って何だろう？」という問いがいつも頭のどこかに渦巻いている。

今日、日本語で読める戦術書といえば、旧陸軍の『作戦要務令』と『統帥綱領』ぐらいしかない。両書は、かつて門外不出だったが、敗戦のおかげで世に出るようになった。陸上自衛隊の『野外令』は機密文書ではないが、部内専用文書として公開されていない。

ということは、一般の人が、戦術を知識として学べる参考書はないということか？

あえて言えば、入手可能である米陸軍野外マニュアル『TACTICS』を読めば、あるていどの基礎的知識は得られる。『TACTICS』を理解するためには、軍事全般に関する基礎知識が必要であることはいうまでもない。

戦術にも不易（変わらないもの）と流行（変わるもの）がある。

一八三三年刊行のブラント著『歩騎砲三兵戦術書』、旧陸軍の『作戦要務令』、陸上自衛隊の『野外令』、米陸軍の『OPERATIONS』などの作戦・戦闘編の大半は、時空を超えて同趣旨の内容を記述している。すなわち「不易」の部分だ。一方、軍事情勢の激変や革命的な軍事技術・兵器の出現は戦い方に変化をうながし、戦術に影響をあたえる。この変化する部分が「流行」である。

米軍は、戦略環境が変化すれば、ドクトリンをちゅうちょなく変更し、マニュアルも大胆にリニューアルする。わが国のように、一度定めたことは後生大事に守る文化から見ると、米軍の合理性、柔軟性はうらやましいかぎりだ。

したがって、米陸軍野外マニュアルの最新版を追えば、「流行」の部分を具体的に把握することが可能だ。米陸軍は、冷戦終結以降、湾岸戦争・対テロ戦争の教訓事項やマネジメントの最新理論などを、野外マニュアルに積極的にとりいれている。

かつて米陸軍の野外マニュアル『OPERATIONS』に記述されていた戦闘編は、二〇〇一年版以降FM3-90『TACTICS』として分離独立した。ドクトリンの「流行」の部分を『OPERATIONS』として残し、戦術原則の「不易」の部分を独立マニュアル『TACTICS』としたのである。『TACTICS』は「戦術学」の参考書にふさわしく、第一章であらためてとりあげてみたい。

周知のようにアメリカは情報公開大国である。米陸軍のマニュアルも情報公開の対象で、インターネットで検索すればお目当てのマニュアルに行き着く。ペーパーとして購入も可能だ。またPDF形式のデータとしても入手できる。こういった面ではわが国は情報後進国といえよう。

わが国では、軍事というだけで排外される傾向が強く、軍事学の講座を持っている大学はほとんどない。敗戦後のわが国では、軍事や安全保障を論じることをタブー視する進歩的文化人がもてはやされ、その影響は今日にいたるもなお根が深い。

この風潮に風穴を開けたのは、『失敗の本質』（一九八四年、ダイヤモンド社）の出版だった。『失敗の本質』は、防衛大学校で勤務をともにした、野中郁次郎氏、杉之尾（すぎのお）宜生（よしお）氏ら学者と制服自衛官の共同研究——軍事とマネジメントの学際的な研究——の成果をまとめたもので、今日ではすでに組織論の古典として声価が定まっている。

戦術とマネジメントの不離一体ともいえる関係は、アメリカの南北戦争（一八六一～六五年）に由来する。

南北戦争当時、アメリカでは産業革命による重工業が発達し、蒸気機関車や貨車が大量に生産され、鉄道が大規模に軍事目的――補給品の輸送、軍隊の移動など――に使用された。また戦争間に有線電信が二万四千キロも構成され、軍隊指揮の命脈をになった。

南北戦争終結五年後の一八七二年一月、岩倉使節団は、サンフランシスコから蒸気車で大陸を横断して首府ワシントンへ向かう。使節団一行が眼にしたのは、西部開拓のダイナミックな鼓動だった。その実体が『米欧回覧実記』に生き生きとえがかれている。

戦争遂行に投入されていた膨大なエネルギーは、南北戦争後、西部開拓という一大事業にそそがれた。鉄道がアメリカ大陸の東から西へと延び、沿線に電信用の有線が張られ、これらに伴ってヒト・モノ・カネ・情報などが西部に向かって奔流した。

需要の急増はいやおうなく生産規模の拡大をもたらす。拡大した生産現場を制御し管理するマネジメントが必要になる。この具体的な例が軍隊式のマネジメント――南北戦争における軍隊による鉄道線路の敷設、橋梁の建設、有線展張など――の応用だった。

戦術とマネジメントは同源・同根で、アメリカでは軍隊と民間企業の垣根はほとんどないといっても過言ではない。マネジメントを学ぶことは戦術を学ぶことに通じる。本文ではこのようなこともとりあげてみたい。

終わりに、本書はあくまで「戦術を理解するためのメモランダム」である。

筆者が「手製文庫」にしまいこんでいたいくつかのファイルを、整理しなおしただけで、体系的かつ学問的なものではない。

中身・内容が不足しているファイル、あるいはファイル自体が欠落しているものもあるだろう。先賢の戦術書にはとうていおよばないが、「戦術学」のおおまかなアウトラインを、戦術に関心のある読者諸兄姉にすこしでも紹介できればと願っている。

戦術学入門——目次

第二章　戦術の基盤

第三章　戦場の光景

第四章　戦いの原則

戦術学入門

戦術を理解するためのメモランダム

序章　「戦術学」へのアプローチ

「戦術学」とは何か？

「戦術学」とは何か

日本語の「戦略」「戦術」は明治時代に翻訳・創出された。旧陸軍は「戦略」を会戦・作戦レベルの用語として定義し、この考え方が陸上自衛隊の「野外令」に継承されている。
戦略という用語は、世の中のあらゆる分野で使用され、その意義の規定は二〇〇以上あるといわれる。ちなみに、本稿は「戦術」や「戦術学」を主たる対象とするため、あえて「戦略」には深入りしない。

戦略：一般に、戦術の上位にある概念で、作戦を計画し、準備し、指導する学及び術をいい、戦術の適用に指針を与えるものである。

戦術：戦闘及び部隊移動等並びに治安維持の行動等を計画し、指導する学及び術をいう。

作戦：諸職種連合部隊が、対直接侵略及び（又は）対間接侵略において与えられた任務を遂行するための数正面又は一正面における一連の行動をいい、数次の戦闘を主体として行われる。

戦闘：作戦の個々の場面において、戦闘力を行使する行為及び状態をいう。

（『野外令1部の解説』）

昭和四十六（一九七一）年版『野外令1部の解説（改定版）』（以下、『令1解説』と略記）の用語の意義である。当時の国内情勢をほうふつさせる〝治安維持〟〝間接侵略〟が目をひくが、［治安維持の行動等］を［武力攻撃事態対処、対ゲリラ・コマンドウ作戦、復旧行動、災害派遣等］と現代風に読みかえれば、戦略と戦術、作戦と戦闘の関係は今日においても変わらない。

（あえていえば）『令1解説』にいう「戦略」はいわゆる「作戦戦略」で、広義の「戦術」に包含されているといえよう。

すなわち戦術とは［作戦、戦闘および部隊移動等ならびに武力攻撃事態対処、対ゲリラ・コマンドウ作戦、復旧行動、災害派遣等を計画し、指導する学および術］であり、「戦術学」とは術（行為・行動）の土台・基礎となる知識・学問のことをいう。

専守防衛の日本と、世界の警察官をもって任ずる米国とでは、戦略戦術に関する考え方は当然ことなる。ちなみに、今日の米陸軍は「戦略」「戦術」をどうとらえているか？

米陸軍は、戦争のレベルを、戦略、作戦および戦術の三つのレベルに区分し、それぞれの意義を明らかにしている。これらの間には特別な限界や境界があるわけではない。このように区分することにより、各レベルの責任と計画すべきことが明確になるからだ。

戦略レベル（strategic level）は国家政策・戦域戦略をいい、作戦レベル（operational level）は会戦（campaigns）・大規模作戦、戦術レベル（tactical level）は戦闘（battles）・交戦（engagements）・小部隊の行動（small-unit and crew actions）のことをいう。

エンゲージメントは敵対する下級部隊間の戦術レベルの戦闘（conflicts）。旅団およびそれ以下の部隊が対象で、数日・数時間・数分間という短期間で終わる。バトルは複数のエンゲージメントから成り、部隊規模も師団以上で、戦闘期間はより長くなる。

※米軍はbattle・engagement・conflictなどを使い分けているが、日本語としての明確な区分は困難で、いずれも「戦闘」という一般用語が該当する。tacticsでは、指揮官は戦闘力（第一章の「戦闘力」の項に詳述する）を行使して任務を遂行する。

本稿で対象とする「戦術」や「戦術学は、米陸軍の戦争のレベルにおける「戦術レベル」に相当し、内容としてはバトル・エンゲージメント・小部隊の行動（スモール・ユニット・アクション）をふくむ。端的にいえば、「戦術」は軍団（複数の師団）、陸上自衛隊の方面隊以下を対象とする。

医者は医学書を読んで医学的な知識を学び、抽象的な知識を患者に適用することをくり返して、いわゆる名医・立派な医師になる。

経営者は経営の理論書を読んで経営やマネジメントの基礎知識を学び、現場で実務体験をくり返して一人前の経営者になる。

医師や経営者と同様、軍人は兵書を読んで戦術的な基礎知識を身につけ、実戦や訓練をつうじて血肉化し、それをくり返して本物の軍人・野戦指揮官になる。「戦術学」とは、医学書や経営学書に相当する、戦術的な知識を身につけるための基礎学問といえよう。

戦術の深刻なる研究の為には、戦史により戦場の実相すなわち情況の不明およびこれが不測の変化、危険、悲惨、錯誤、困憊（こんぱい）、戦場の心理などを観察し、勝敗の素因、原則の根源とくに戦場における精神物質両要素の価値に関する明確なる認識を必要とす。（陸軍経理学校『戦術学教程全』の緒言、昭和十六年印刷版）

旧陸軍士官学校本科や陸軍経理学校などで『戦術学教程』を使用した。内容は、士官候補生などに対する戦術教育の基礎として、「作戦要務令」や「歩兵操典」の背景や前提となる事項を解説した教科書であり参考書。典範例などには記述しえない戦場の実相や戦場心理などにも言及している。

吉橋戒三著『戦術教育百話』によると、陸軍士官学校本科（一年十ヵ月）では「戦術学教程」により原則教育と応用戦術（図上戦術、現地戦術）を教育していたようだ。「戦術学教程」は陸上自衛隊幹部学校修親会発行の「野外令解説」や「師団解説」などの先駆的ともいえる類書である。

防大においても戦術が学かどうかということが時々問題になる。これを学と言おうが、術と言おうが考え方によってはどうでもよいと思う。

何も赤と白とはっきり区別をつける必要もなく、術の直接準備のための学である桃色部分があっても一向さしつかえないと私は考える。要は内容そのものであり、自衛隊、自衛官の本来の使命を再確認した上で教育研究の目的を達することになる。（『戦術教育百話』）

まさに吉橋氏のおっしゃるとおりで、防大および幹候校の戦術教育は術の直接準備のための教育で、これを「戦術学」といい、富士学校など各職種学校や幹部学校における戦術教育は真の意味の術がしめる部分が主体で、これを「戦術」と称するのは理にかなっている。くり返しになるが、本稿でいう「戦術学」とは、術（行為・行動）の土台・基礎となる知識・学問のことをいい、攻撃、防御などの戦術行動にとどまらず、指揮官の責任、状況判断、情報、兵站、戦場心理など幅広い分野におよぶ。

これを読めば戦術がマスターでき、いっぱしの戦術家になれる、といった魔法の書は残念ながら存在しない。部隊規模の大小にかかわらず、指揮官・リーダーをめざすものは、実員指揮と一体である戦術を終生コツコツと学ぶほかない。

教範、戦術教程、解説書などを手もとにおいて、上司・先輩に教えをこい、地道に自学自習することが王道である。指揮官・リーダーは状況判断し、決心し、命令を下し、部隊を動かしてあたえられた任務を完遂しなければならないからである。今日の戦略環境では、下士官諸官も小部隊リーダーとして「戦術学」のマスターは必須である。

戦術をどう学んだか—個人的体験

防衛大学校学生だった昭和四〇年代はじめ、二学年以上で陸海空要員に分かれ、筆者は「陸上防衛学」を三〇単位履修した。防衛学は全履修単位一八七単位の一六パーセント、そのうち四単位が「戦術」、六単位が「戦史」だった。

一単位は週一時間で一五週すなわち一五時間。筆者は防大時代に戦術を六〇時間、戦史を九〇時間学んだことになる。であるが、当時の教官には申し訳ないが、戦術・戦史の教育内容に関する記憶はゼロで、何をどのように学んだのか、その断片すら思い出さない。

『戦術教育百話』(昭和四十年、幹部学校修親会発行)に、筆者が在学した当時の防大における戦術教育の実情が述べられている。

戦史教育は「学生の軍事学、特に戦術の素養が低いために、作戦史や戦闘戦史に興味がもてなく、むしろ社会科学的観点から説く戦争史的講義」をよろこんだようだ。戦術教育は

［戦理・原則の教育と白紙戦術］が主で、［師団をかりて戦いの原則を理解させる］ことが目的であった。

吉橋氏は［戦史の研究によって根本原則（戦理）を理解することができるが、戦史を理解するためにも戦術の素養が必要］であることを痛感し、白紙状態の防大生の戦術教育をやってみて［初歩は終点だったとつくづくと思う］と述懐されている。

当時の学生は、陸上自衛隊に関する情報量がきわめてすくなく、編成・装備・運用などに関する知識はほとんどなかった。防大卒業生は幹部集団の少数派で、一期生がようやく一尉に昇進した時期、学生たちは自分の将来像が見えていなかった。

卒業後、自衛隊の指揮官になることは自覚していたが、戦術・戦史への関心はほとんどなかった。吉橋教授（陸大兵学教官、陸自師団長、幹部学校長など歴任、退官後は防大教授として後進を指導）には申し訳ないことであったと、内心じくじたるものがある。

当時は防大草創期で、社会全体の軍・自衛隊への風当たりがつよく、防大自身も軍事教育に関して明確な方針を打ち出せなかったのではないか。旧陸軍士官学校・旧海軍兵学校、あるいはウエストポイント（米陸軍士官学校）・アナポリス（米海軍兵学校）などの例を参考にしながら、新時代の軍事教育のあり方を模索していた時代といえよう。

筆者自身防大卒業後半世紀ちかくをへて、防大の戦術教育に関していささかの所懐がある。

防大の原点は世界に類例のない陸・海・空統合士官学校にある。

防大では陸・海・空要員に分かれる二学年からそれぞれ陸・海・空の防衛学＝軍事学と訓

練を履修するが、学業過程の重点は大学設置基準に基づく理工学課程（現在は文系の課程もある）にある。防大は陸・海・空統合士官学校として陸・海・空幹部自衛官を養成する機関であり、その目指す幹部自衛官像は、専門に特化したスペシャリストではなくゼネラリストのオフィサー（士官、将校、幹部自衛官）であることはまちがいない。

したがって、軍事学に関していえば、陸・海・空に分かれる二学年からいきなり陸・海・空別の軍事学を学ぶのではなく、陸・海・空に共通する将来の統合運用の基盤になる軍事学を学ぶ工夫が必要であろう。陸・海・空に共通する「戦術学」があるはずで、そのてがかりはアントン・アンリ・ジョミニにもとめられる。

旧日本陸軍は、明治三年にフランス式兵制を採用したにもかかわらず、ジョミニとの接点がなかった。明治十八年三月にプロイセン軍参謀少佐メッケルを陸軍大学校教官としてまねき、以降急速にドイツ式兵制にかたむいた。第二次大戦後の再軍備に際して、陸上自衛隊は米軍の野外マニュアルを採用し、ようやくジョミニとの接点ができた。（※ジョミニと米軍野外マニュアルの関係は、「戦術とマネジメント」の項でくわしく述べる）

旧日本海軍はアルフレッド・T・マハンから大きな影響を受け、そのマハンはジョミニから多くを学んでいる。海上自衛隊は伝統墨守といわれるように日本海軍の衣鉢（いはつ）をついでいる。このように考えると、戦後に発足した陸上自衛隊も海上自衛隊も、その戦術思想の原点はともにジョミニにあり、相互理解の共通基盤がある。

この点に、防大生の戦術教育に関するヒントがあるのではないか。

マハンは、米海軍大学校創設者のリュース少将の言「作戦には若干の根本的原則あり、以て陸上作戦なると海上作戦なるとを問わず、一般の場合に適用し得べし、是須く研究せざるべからず」を引用して、その研究姿勢を明らかにしている。着目すべき点は、陸上・海上作戦を問わず一般に適用できる根本原則がある、ということだ。

マハンは、米海軍大学校における二〇年余の講義録（『海軍戦略』として出版）の中で、陸戦が海軍兵術研究者にとって有益な研究資料であることの理由として、「古来陸戦は海戦よりもはるかに多く、これらの資料に基づいて正式の研究をおこない、根本的原則を発見しようとする努力が多く払われた結果、その叙述においては海戦よりはるかに発達している」と明快に述べている。

昭和四十三（一九六八）年三月、筆者は防大を卒業した。

この年は年初から騒乱つづきで、一月にベトナム戦争に決定的な影響をあたえた「テト攻勢」、フランスの「パリ五月革命」がこれにつづき、八月にはソ連東欧五ヵ国軍がチェコスロバキア全土を占拠して自由化・民主化をもとめる「プラハの春」を弾圧した。アメリカではヒッピー運動やベトナム反戦運動がピークにたっしていた。

日本国内では大学生を中心とする若者が血をたぎらせ、米空母エンタープライズ寄港阻止闘争、九州大学構内に墜落した米軍機をめぐる反米・反基地闘争、べ平連の反戦平和運動などが、大学闘争と連携した政治闘争へと燎原の火のごとくひろがっていた。

防大卒業後、久留米市前河原（まえがわら）の陸上自衛隊幹部候補生学校（以下幹候校と略す）で四月から一〇月までの半年間、新任初級幹部としての資質を徹底してたたきこまれた。

幹候校の教育でとくに強調されたのは、部隊を確実に掌握し、指揮官の企図を明確に示し、命令・号令で部隊を動かす「指揮の要訣（ようけつ）」である。指揮のうらづけとなるのは状況判断で、その基礎となる戦術教育が重視され、筆者も真剣にとりくみ、戦術に強い関心をいだくようになった。

幹候校を卒業すると第一線部隊に配属となり、小隊長として部下を持つことになる。防大時代は部隊との距離が遠かったが、幹候校は部隊と直結している。幹候校で学んだ戦術は入門編といったレベルで、生涯を通じて学ぶためのよき動機づけとなった。

戦術百想定といわれるように、戦術は生涯をつうじてコツコツと学ばなければものにならない。最終的には常識のレベルになる。

幹候校・戦術教官の言であるが、本稿を書いている現在、まことに至言だったなとあらためて思う。戦術は基礎であり、到達点でもあるのだ。吉橋教授が「初歩は終点だったとつくづくと思う」と述懐されていることの意味がようやく理解できるようになった。

幹候校卒業後は、富士学校機甲科幹部初級過程（ＢＯＣ）で戦車小隊長としての教育、機甲科幹部上級課程（ＡＯＣ）で戦車中隊長・戦車大隊幕僚としての教育を受けた。両課程は必修課程で、戦術教育も当然重視されたが、初級戦術の域を出なかったように思う。この間、部隊における訓練をつうじて戦術能力向上の必要性を痛感することが多々あり、戦術を本格的に勉強しなければと感じるようになっていた。

指揮幕僚課程は陸上自衛隊ではCGSと略称される。青年幹部にとっては、あこがれの課程であり、同時に、受験苦にさいなまれるなやましい課程でもある。

受験資格はAOC修了一年後に発生、合計五回の受験チャンスがあった。筆記（戦術、戦史、防衛法制など）と図上戦術の一次試験、面接（戦術、服務など）中心の二次試験をパスすると、市ヶ谷台（当時）の幹部学校で二年間の課程を履修する。

二千人前後の受験者のなかから、百六十人が一次試験で選抜され、その半数の八十人が二次試験でふるい落とされる。

筆者がCGSで二年間学んだ戦術教育は、図上戦術・師団想定百二十日、図上戦術・方面想定二十五日、想定実習二十四日、現地戦術四十日、指揮所演習四十一日の合計二百五十日。単純に計算すると土日をのぞくまる一年間という数字になる。

このほか主要な課目として戦略百十六日、戦史六十八日などがある。国家（陸上自衛隊）は八十人の選抜学生に対して、卒業後ただちに師団作戦参謀がつとまるレベルの戦術教育をおこなった。

幹候校以来〝戦術百想定〟といわれ、戦術は生涯をつうじて学ぶものであるが、指揮幕僚課程で二年間徹底して戦術を学び、戦術に対してようやく自信がもてるようになった。

筆者自身「戦術学」が身についた（と実感した）のは、受験準備で徹底して勉強したおかげである。たとえ合格という結果に結びつかなくても、受験勉強により「戦術学」が身につくことは確信できるので、選抜試験の意義を肯定的に評価したい。

蛇足ながら、「戦術学」は教えてもらうのではなく自主的に学ぶもの、である。学校は動機づけの場であり、学生に自学自習の必要性を自覚させる場である。かえりみて思うに、陸上自衛隊の学校は、一般的に、教え過ぎで、これが自衛官の自発性をそいでいるといった面があることは否定できない。

筆者が自学自習の参考書として使用したのは、『令1解説』（昭和四十六年、幹部学校修親会）、『師団の解説』（昭和四十三年、幹部学校修親会）、『戦理入門』（昭和四十四年、田中書店）の三冊だった。戦術教育や部隊訓練の参考書としては『戦術教育百話』（吉橋戒三著、昭和四十四年、幹部学校修親会）を重宝した。

何事もそうであるが、「戦術学」学習のスタートにおいて重要なことは、練達の士・ベテランからていねいな講義・説明・解説を受けることである。この段階をうまくのりきると、あとは戦史や戦術書を読みながら独習できる。

先人のひとことで背中を押されることがある。

CGS学生のころ（昭和五十年代はじめ）、秋山真之の箴言［吾人ノ一生ハ帝国ノ一生ニ比スレバ、万分ノ一ニモ足ラズト雖モ、吾人一生ノ安キヲ偸メバ、帝国ノ一生危ウシ。（天剣漫録)」に接し、新興国日本を背負う秋山の覚悟と自負心に圧倒された。

当時は自衛隊にとりかならずしも順境ではなかったが、環境のいかんにかかわらず、身の丈に合った覚悟・志をたてろ、野戦指揮官として恥じない識能(とくに戦術)を身につけろ、と秋山真之からつよく背中を押されたような気がした。

わが国の戦術は進歩しているか?

自画自賛ではないが、陸上自衛隊の戦術教育体系は、国際的にも高いレベルにあると断言できる。旧陸軍のよい意味での資産が継承された結果である。したがって、国土防衛戦を戦う野戦指揮官の養成は現状でじゅうぶん間に合っているといえよう。

しかしながら、国際情勢の激変、戦略環境の急速な変化、科学技術の進歩、学術の進展などにより、戦い方は大きな影響をうけるが、こういった面への機敏な対応という観点では不十分といわざるをえない。わが国では、敗戦後の特異な政治情勢のもとで、軍事の研究すら一種のタブーとなり、必然的に戦略・戦術の自由な研究をいしゅくさせ、その影響は今日にまでおよんでいる。

大体フランス、ドイツというものは、過去の歴史から考えましても、幾度か敵兵力の侵襲を受けています。悩みのないところには、思想の進化もなければ考えの進歩もありません。アメリカでも今、米、ソの対立ということからようやく、非常にいろいろの意味の戦略、戦争の研究が盛んになって来ております。これからのアメリカはおそらくそういう方面においても偉大な進歩をとげると思われますが、少なくとも過去においては思想、戦略、戦術の深い研究という方向において、ドイツやフランスに及ばないところがあったと思います。（西浦進著『兵学入門』田中書店、昭和四十六年発行）

防衛庁／防衛研修所／戦史室長西浦進が、昭和三十年春、幹部学校の職員・学生に対して行なった課外講演「朝鮮戦争の教訓」の一節である。講演の趣旨は、フランスの兵学者カミーユ・ルージュロンの著作を引用して、戦争の進化を解明しようとしたもの。

戦争の研究には戦史を徹底して学ぶことが必要で、職員・学生に一層の軍事研究の必要性をうながした。古来、勝者より敗者の方が深刻に学ぶといわれ、太平洋戦争の敗戦は戦略・戦術を深刻に学ぶ好機だったが、国家も陸上自衛隊もこれを生かしていない。

『兵学入門』、『戦理入門』、『戦術教育百話』、『新・戦術五十講』などはいずれも旧陸軍大学校出身者の著書。また『令1解説』（昭和四十六年）、『師団の解説』（昭和四十三年）、『師団兵站概説』（昭和四十五年）は、教範を起草した担任学校（幹部学校）の立場から、教範に記述された内容のよってきたるゆえんなどを解説した参考資料。

これらは戦術の基礎を学び、理解するための好個の参考書であるが、新時代に適応した戦略・戦術の研究開発には不十分である。

戦史・戦術専門家の養成はいつの時代にも重要であるが、動きのはやい国際情勢すなわちパラダイムの急激な変化に対応するためには、革新的な発想、組織・システムの抜本的な改革が不可欠である。こういった面では、日本的な官僚システム（陸上自衛隊も例外ではない）は機能不全で、小手先のその場しのぎの対応しかできないというのが現実。

米陸軍は一九七三年に訓練教義司令部（TRADOC）という八万人余の巨大組織（司令官は陸軍大将）を創設し、三十七の学校・センターを指揮統制し、ドクトリンの開発、編成装備、訓練、人材育成を一元的に所掌し、かつ強力に実行する権限をあたえている。

わが国が米陸軍のような巨大組織を持つことは不可能だが、TRADOCのような機能・権限を持つ機関の整備が必要である。組織を徹底してスクラップ・アンド・ビルドすれば、米軍のような機関を創設することは可能である。

ちまたのウワサによると、陸上自衛隊で日本版TRADOC創設が検討されているようで、ぜひ実現してもらいたいものだ。

米軍は、一九七三年のベトナムからの完全撤退後、「ベトナム戦争になぜ負けたのか？」という研究を徹底しておこなった。この一環として、米陸軍戦略大学校で、古典の『孫子』と『戦争論』がとりあげられ、その成果が現在の『OPERATIONS』に反映されている。

このことは、ジョミニが否定されたということではなく、ジョミニ一辺倒の戦略・戦術を反省し、二大古典として声価の高い孫子やクラウゼヴィッツが再評価され、米軍の戦略・戦術がよりはばひろいものになった、ということであろう。

研究成果が米陸軍戦略大学校テキストとして使用され、『孫子とクラウゼヴィッツ』（マイケル・I・ハンデル著、杉之尾宜生・西田陽一訳、日本経済新聞社）として刊行されている。好著であり一読に値するので、あえて言及した次第。

研究を主導したマイケル・I・ハンデルの研究成果は、ワインバーガー国防長官の「軍事力の使用」という演説に結実し、孫子やクラウゼヴィッツも引用されている。同演説は八六会計年度「国防報告書」に反映され、「ワインバーガー・ドクトリン」となった。

ちなみに、ワインバーガー・ドクトリンは次の六項目を軍事力使用の条件としている。

①（米国あるいは同盟国にとり）死活的な国益の存在
②（軍事力を行使する場合は）圧倒的な戦力を投入
③明確な政治・軍事目的および具体的な軍事目標の確立
④国益に合致し、かつ勝てる戦争か？（負ける戦争はするな）
⑤国民・議会の支持の確保
⑥合衆国軍隊の派遣は最後の手段

戦術とマネジメント

学問としてのマネジメントの始まり

経済学の伝統は二百年といわれ、学問としてのマネジメントの歴史はわずか百年あまり、マネジメントは依然として発展途上にある。

エジプトのピラミッド建設、中国の万里の長城の構築などは大規模かつ精緻なマネジメントの成果で、古代ローマ帝国や徳川幕府の運営にはマネジメントが必要であったことは論をまたない。このようにマネジメントそのものは昔から存在したが、それが理論化され、一般に普及したのは近々百年のことである。

一九一一年アメリカ人フレデリック・テーラーが『科学的管理法の原理』を、一九二五年フランス人アンリ・ファヨールが『産業ならびに一般の管理』を刊行した。いずれも今日のマネジメントの源流となる著作で、前者は問題解決という実務面を探求した理論、後者はマネジメントの本質に関する理論である。

アメリカでは軍隊のマネジメントと企業経営のマネジメントは共通点が多い。

まえがきで述べたように、アメリカでは、南北戦争後に西部開拓が急速に進み、ヒト・モノ・カネ・情報の流れが加速され、需要の増大によって供給側の生産規模が拡大し、それを適切に制御・管理するため、企業が軍隊式マネジメントを採用した。

二十世紀になり第一次世界大戦、第二次世界大戦を経験するなかで、アメリカでは行動科学——サイモンの「企業組織の意思決定論」など——が大いに発達した。米陸海軍は行動科学の学問的な成果を積極的に導入し、軍の情報活動の業務処理プロセスや状況判断プロセスにとりいれた。

マネジメントの始祖といわれるアンリ・ファヨールは、経営理論の中で十四個の「マネジメントの基本原則」を定義した。

これらは「分業の原則」「権限と責任の原則」「規律の原則」「命令の一元化の原則」「指揮の一元化の原則」「個人利益の全体利益への従属の原則」「従業員の報酬の原則」「権限の集中の原則」「階層組織の原則」「秩序の原則」「公正の原則」「従業員の安定の原則」「創意の原則」「従業員の団結の原則」である。

またファヨールは「マネジメント・プロセス」を提唱している。

これらは予測する（これから起こることを予測して計画を立てる）、組織化する（やるべき仕事を順序だてて組織化する）、命令する（分かりやすく指示して従業員を機能させる）、調整する（活動と努力を結集し、団結させ、調和させる）、統制する（規則・命令に従って進行させる）の五機能である。

ファヨールの理論は、一世紀をへた今日なお、マネジメントの教科書に管理の五機能として記述されている。ファヨール以降、学者や実務家たちは新しい機能を追加したり、整理したりしてきたが、管理の機能として完全に一致した見解はない。

これを簡略化したPlan — Do — Seeを「マネジメント・サイクル」とするとらえ方がある。何をどのように行なおうかと計画し（Plan）、計画に従って実行し（Do）、その結果を検証する（See）という一連の過程である。Plan — Do — Check、Plan — Do — Check — Action、Plan — Do — Controlなどいくつかのバリエーションもある。

日本発のマネジメント理論を提唱している野中郁次郎氏は、組織と環境のマッチを方向づける計画するという機能、その計画へ向けて組織メンバーに影響力を行使してリードするという機能、そしてその結果組織の諸能力を目的達成に向けて統合するという機能が最も基本的である、と主張している（野中郁次郎著『経営管理』日経文庫）。

ファヨールの「マネジメントの基本原則」および「マネジメント・プロセス」を一瞥するだけで、米陸軍の「作戦プロセス」との類似あるいは一致に気づく。

ちなみに、プロセスとは抽象的な概念ではなく具体的な行動の仕方という位置づけである。米陸軍は作戦プロセス、情報プロセス、状況判断プロセス、火力目標プロセスなど、具体的な行動をともなうという意味でプロセスを使用している。

ファヨールは鉱山技師で、鉱山の現場管理を経て企業経営を長年経験している。その経験を管理理論としてまとめ、経営の科学化と教育につとめた。二十世紀初頭、当時の巨大組織は軍隊とカトリック教会で、ファヨールが軍隊運用の理論を参考にしたことはうたがいない。同時に、軍隊も民間で発展した理論を積極的にとりいれた。

私事であるが、筆者は陸上自衛隊を退官後民間企業で七年間、社員の研修を担当するポストに配置され、新任幹部社員に対してマネジメントを講義する機会をあたえられた。

教えることとは学ぶことで、あらためて「管理」「経営」「経営管理」「マネジメント」などの関係書を大急ぎで再学習した。これらの参考書や教科書を読みながら認識を新たにしたことは、そこに書かれている内容が、自衛官として学んだ戦略、戦術、戦史（戦争史、作戦戦史、戦闘戦史)、指揮、統率、管理などと共通するものであるということだった。テーラーやファヨールが軍事理論からヒントを得たように、今日の軍事関係者は民間のマネジメント理論から多くを学べる。

我々は意思決定のため、むしろ一般化された処理手続をつくり出すことさえできるのである。軍隊の「状況判断(Estimate of the Situation)」――軍事的な決定問題を分析するに際し考慮すべきチェックリスト――は、そのような処理手続の一例である。(ハーバート・A・サイモン著『意思決定の科学』産業能率大学出版部)

サイモン理論として知られている「組織の意思決定理論」は、米軍の情報活動や状況判断から多くを学び、また軍もサイモン理論の研究成果を積極的にとりいれていることは、よく知られている事実である。米軍の「状況判断プロセス」は問題解決法として、アメリカ社会一般に広く受け入れられている。

今日の米軍マニュアルはマネジメントの教科書といった雰囲気がある。

旅団長は、SBCT(ストライカー旅団戦闘チーム)およびSBCTの全行動に関して、全体的な責任(responsibility)と報告・説明義務(accountability)を負う。これには利用可能な全ての資源(※人、物、金、情報、技術など)を効果的に運用し、与えられた任務を達成するための計画、組織、調整および隷下全部隊を統制する権限（authority）が含まれる。（『Brigade Combat Team』（FM3-90.6 2010.9））

右はマネジメントや管理などの教科書にいう「三面等価の原則」そのものである。指揮官・マネージャーは職責・ポストに応じて、与えられた任務・職務を完全に成し遂げる責任があり、これに見合った権限を付与され、同時に任務遂行の状況を組織の上下左右に報告・説明する義務を有する。

くり返すが、軍事理論とマネジメント理論は同根・同源である。

アメリカでマネジメント理論が花開いたことを考えると、米軍野外マニュアルにマネジメントの雰囲気があるのは当然といえよう。今日では軍事マネジメントと経営マネジメントとの境界はほとんどなくなっている。

この点に関して、第二次世界大戦後のわが国では軍事ぎらいという風潮がまんえんし、アメリカ社会からはるかにおくれをとっている、といわざるを得ない。

ナレッジ・マネジメントとの出会い

私事であるが、筆者は自衛隊を退官したあと民間企業の研修部に再就職した。幹部社員の研修を担当するポストで、一学徒にもどって勉強する機会にめぐまれた。

会社が企画したマネジメント研修で一橋大学大学院教授の野中郁次郎氏に講義を依頼した

とき、初めて「暗黙知」、「形式知」という用語を知り、知的好奇心を大いに刺激された。当時評判になっていた『知識創造企業』(野中郁次郎・竹内弘高共著、東洋経済新報社、一九九六年三月出版)をあらためて読み、ナレッジ・マネジメント(知識管理)に関心をいだくようになった。

自衛隊を退官する数年前、初級幹部のころから見聞し体験し実践してきた、訓練指導に関するノウハウを整理して後輩に参考になる形式でのこしてやりたい、との思いがつのり、富士学校発行の月刊誌『FUJI』に「訓練のある風景」と題して三十回連載した。小隊長、中隊長、訓練幹部、大隊長などを対象に、訓練指導の参考にしてもらいたいとの思いだった。当時はナレッジ・マネジメントの意識も知識もなかったが、ふり返って思うに、「訓練のある風景」執筆は、はからずも暗黙知を形式知に転換する作業だった。

平和時の軍隊は教育訓練を主体に運営されるが、訓練内容や訓練指導に関するノウハウは属人的な面が多く、大半が暗黙知に属しており、関係者以外には伝わりにくいというのが実体である。

筆者は若いころから訓練指導のメモを作成し、古いものは手書きの青焼きコピー、やがて日本語ワープロの感熱紙やフロッピー・ディスクで保管できるようになり、資料の散逸をまぬがれた。筆者が時間をかけて蓄積した貴重な体験とノウハウの一部を、後輩たちに形式知として残せた。

暗黙知というのはいわゆる「経験知」ですから、経験が集積された結果、身体に、embodied（具現化）された知です。だからスキルなんですね。体化されてるから、言葉で語ることはなかなか容易ではない。そのスキルというのは二つの側面があって、認知的なスキルということになると、メンタル・モデルというか、われわれの直感ですね。これがもう一つある。もう一つは技能的なスキル、これはcraft、熟練ですね。暗黙知というのは、実はこの二つの側面を持っています。これが非常に重要な、人間的な知ですね。

形式知というのは分析的な知ですから、「言語知」です。経験知に対して言語知。一切経験する必要はありません。言語という分析的な知を媒介して獲得できる知。学校教育で教えているのは、基本的にはこの形式知の方ですね。――一部略――

いずれにしてもポイントは、実は二つのタイプの知が相互補完の関係にあるということなんです。暗黙知はパーソナルな知ですから、いくら集積しても個人の域を出ない。この個人知を言語に変換すると、客観的な知になりますね。個人の暗黙知が絶えず言語に変換されて、それによって組織の知が豊かになると、逆にそこに働く個人の知の創造がますます刺激されるという良い循環、「スパイラル」運動が起こる。（野中郁次郎著『企業進化論』日経ビジネス人文庫）

戦術修得の中身は、「戦術学」という知識をベースに、実戦・訓練を通じて身につけた認知的なスキルおよび技能的なスキルという個人的な暗黙知である。

自衛隊は創隊以来一度も実戦を経験していない。このことは国家国民にとってまことに幸せなことであるが、自衛隊の指揮官が修得する戦術は平時の訓練という限定された体験から得られたスキルといえよう。この矛盾、ジレンマをいかにして克服するか、きわめてなやましい課題である。

（既述のように）吉橋氏や西浦氏が指摘されているように、戦史を徹底して勉強することが第一で、本人がその気になれば参考図書や資料はいくらでもある。本質的に重要なことは、訓練をいかに実戦に近づけるかということである。

訓練に参加（体験して自ら学ぶ）し、見学（見とり稽古で学ぶ）し、計画（実戦的訓練を作為する）し、訓練を指導しながら「教えかつ学ぶ」ことを積み重ねなければならない。その究極のすがたは、剣電弾雨の戦場において沈着冷静に状況判断し、決断して、部隊を指揮できることである。

このようにして自らの身体に蓄積された暗黙知を、いかにして後進に伝えるかということもまた切実かつ深刻な課題である。

変化に富んだ二十世紀も終わりに近づき、二十一世紀が目の前に迫ってきている。二十一世紀がどのような世紀になるかは予測できないが、二十世紀以上に波乱と変化の世紀になるものと考えられる。

この変化は単に環境の変化だけでなく、あらゆる分野の価値観に影響を及ぼすであろう。

これからの企業経営は単に経営に関するテクノロジーだけでなく、幅広いナレッジと深淵なウィズダムがすべての判断と洞察の根底になければ乗り切れない。

たとえば、経営の品質、ベスト・プラクティス、ベンチマーキング等々の考え方にしてもその源泉は人間のもつナレッジの現われである。二十世紀の機械文明は機械を使いこなすソフトウェアの開発へと進んだが、二十一世紀はナレッジを基準として新しい価値観を創造しなければならない。したがってその開発に当たっては理念、哲学が要請される時代になるであろう。

このナレッジは単に企業経営の分野にとどまらず、あらゆる社会現象、たとえば地球の環境保全、製造物責任、人口の増大、高齢化、ヘルスケア、自然災害、その他への対応についても必要である。しかしこのような諸条件のもとでナレッジを基準にした管理のあり方や方法論についての体系的な研究は少ない。人間のナレッジをいかに有効に役立てていくかについて理論体系を確立、その体系について世界各国との交流を深めてゆくことが二十一世紀における大きな課題である。（日本ナレッジ・マネジメント学会設立趣意書の一部、一九九八年二月）

本稿の執筆にあたり、何冊かの米陸軍野外マニュアルに目をとおした。米陸軍は『OPERATIONS』、『THE OPERATIONS PROCESS』、『INTELLIGENCE』などにナレッジ・マネジメントを記述し、さらには『ナレッジ・マネジメント』というマニュアルまで編纂(へんさん)しており、正直なところショックだった。

ナレッジ・マネジメントは情報見積、状況判断などにとりいれられ、米陸軍の進取、柔軟性、貪欲さといったことを大いに考えさせられる。

米陸軍はナレッジ・マネジメントを、陸軍をネットワーク中心、知識を基盤とする二十一世紀型部隊へ転換させる総合戦略の一環ととらえている。

軍の中には膨大な量の文書、戦場で得られた教訓、ノウハウなどが蓄積されており、米陸軍はこれらをハードウエア、ソフトウエア、サービスの一体化により、陸軍全体から兵士個々にいたるまで活用しようとこころみている。

第一章　戦術理論の系譜

ジョミニ著『戦争概論』

アントン・アンリ・ジョミニの軍歴は多彩で、ナポレオンの全盛時代に皇帝幕僚として側近で勤務（一八〇五～〇六）、スペイン戦争（一八〇八～〇九）、モスコー遠征（一八一二）に参加、その後ロシア軍将軍として対トルコ戦争、クリミア戦争などに参加している。

ジョミニは、戦争にはこれを成功にみちびくための原理がかならず存在し、これにもとづく原則を明らかにすることができる、との確信のもとに兵学理論の研究につとめた。その集大成が、一八三八年にパリで公刊された『戦争概論』(Précis de lárt de la guerre) 二巻本であった。

アメリカ兵学はジョミニに負うところ大であったといえよう。ジョミニの晩年に起こったアメリカ南北戦争では、両軍陸戦指揮官の多くがジョミニの戦略書をひもときつゝ、その原則を遵奉して戦いを指導したとも伝えられている。そして今日の米軍教書内にも、ジョミニに源を発する原則、方式の数多くが見出される。（佐藤徳太郎著『ジョミニ・戦争概論』（原書房）

アメリカの南北戦争は一八六一年から六五年までつづいた国内戦。南軍・北軍の司令官・指揮官たちは、ジョミニが著述した最新の軍事理論を学び、戦場で応用し、ジョミニ理論の有効性を確信した。佐藤徳太郎氏が指摘しているように、ジョミニの『戦争概論』はやがて米陸軍野外マニュアル『OPERATIONS』へと発展した。

米陸軍士官学校（ウエストポイント）のG・H・メンデル大尉およびW・P・グレイヒル中尉は共同でジョミニ著『戦争概論』を英語に翻訳し、『The Art of War』のタイトルで、一八六二年一月にニューヨークで出版された。

（これは筆者の推測だが）ウエストポイントや陸軍将校団のなかでは、『The Art of War』出版以前からジョミニの『戦争概論』が注目され、読みまわされ、南北戦争の生起を契機として、『The Art of War』が出版されたのであろう。

戦術（Grand tactics）とは、戦闘に最適な態勢（good combinations：戦闘力の編成）を作り上げ、戦闘間これを維持増進するための術（Art）である。このための指導原則は、戦略の場合と同様に、使用できるわが部隊を、敵部隊の一部および最大の成果をもたらす要点（point：緊要地形）に集中することである。（『The Art of War』）

私（ジョミニ）は次のことを確信している。将軍が軍の指揮統率に不適格でないかぎり、敵は何ができるか（※敵の可能行動）という仮設を複数考察し、それぞれの仮説に対する実行策（※わが行動方針）をこうじることにより、過去しばしば起きたような、予期せざる事態の発生による作戦のとん挫を避けることができる、と。（『The Art of War』）

前者は、米陸軍の作戦プロセスに通じる考え方、後者は、状況判断の核心となる考え方で、米陸軍の状況判断プロセス（MDMP）、陸上自衛隊の作戦見積へとつながっている。

すべての戦いに通底する一個の偉大な原則がある。この原則にのっとればあらゆる軍事行動に好結果をもたらせるであろう。（戦いの根本原則— The Fundamental Principle of War）

1　軍の主力を、戦略機動により、戦域の決定的な要所（※複数の地点）および敵の後方連絡線に対して、徹底して志向すべし。

2　わが主力を以て、敵部隊の一部と交戦するよう、戦術機動すべし。

3　戦場機動においては、部隊主力を、決定的な地点（※緊要地形）または戦局を決する最重要な敵部隊に対して、集中すべし。

4　集中に当っては、部隊の主力を決定的な地点に集中するだけではなく、適時にかつ最大限の戦闘力を集中発揮しなければならない。

集中（mass）は戦いの原則全体を包含するものではないが、戦略の根本をなしているものであることはうたがいない。（『The Art of War』）

ジョミニが提唱した「戦いの根本原則」は「集中（mass）」一本にまとをしぼっているが、これが一九二〇年に英国陸軍において八項目の「戦いの原則」へと発展し、翌一九二一年米陸軍は一項目追加して野外マニュアルで正式に採用した。

※ジョミニ著『戦争概論』は、佐藤徳太郎著『ジョミニ・戦争概論』（中公文庫）に収録されており、日本語で読むことができる。残念なことに、佐藤氏の翻訳には誤訳も散見されるので、関心のある方には一八六二年版『The Art of War』（ドーバー出版社復刻版）をおすすめする。

高野長英訳『三兵答古知幾』

わが国の幕末期における西洋兵学の導入は、天保十二（一八四一）年五月九日に洋式砲術家・高島秋帆が徳丸ヶ原で行なった砲術調練以降本格的になった。

西洋兵学とはいえ、その実体はオランダ語の翻訳が大半である。有名な『三兵答古知幾』は、オランダ陸軍大学校教官ミュルケンが翻訳したプロシアの戦術書（ブラント著『歩騎砲三兵戦術書』）を、高野長英が日本語に重訳したものである。

高野長英は語学の天才といわれるが、医師が本分だった。

長英は蛮社の獄で永牢（終身刑）となり、放火脱獄して幕府から追われる身となった。江戸市内潜伏中に翻訳したのが『三兵答古知幾』である。この間の事情は吉村昭著『長英逃亡』（新潮文庫）や佐藤昌介著『高野長英』（岩波新書）にくわしい。

幕府が、時代からはるかに先行していた高野長英を積極的に活用していたならば、とくやまれる。現実は重大な犯罪人として追われていたのだ。社会の表に出ることすらできなかった人間が『三兵答古知幾』を世に送り出し、識者はきそってこの書をもとめた。

高野長英も高島秋帆も、（今日の感覚でいえば）、冤罪で獄につながれたが、その背景には洋学ぎらい——鳥居耀蔵などはその代表者——の儒者・守旧者などによる、いわる蘭学者に対する反感、憎悪にもとづいた対応があった。

高島秋帆は、再審により無罪となり、最終的には幕府講武所で活躍の場をあたえられたのは幸いだった。ペリー来航以来、わが国の軍制はいやおうなく抜本的な改革をせまられ、洋式兵学の知識が不可欠となったからである。

では、『三兵答古知幾』など翻訳された洋式戦術書はどのように活用されたのか？

幕府・長州戦争（四境戦争）や鳥羽・伏見戦に見られたように、幕府には軍全体を運用する司令官、部隊を指揮統率する指揮官を養成する機関がなく、歩兵隊・伝習隊といった洋式歩兵部隊を編成するも、これらの部隊を本格的に運用できなかった。つまり、洋式軍隊というハードは作ったが、これを運用するソフトがなかった。

このあたりの事情については、フランス軍事顧問団長シャノワンヌ（参謀大尉、後に陸軍大臣・大将）が次のように語っている。

◆日本の士官は、欧羅巴（ヨーロッパ）の法を模行し得べしと、自ら思い込むこと余り速やかなり。その模行せるは、すべて外見に止まりて徹底することなしと謂うべし。かつその士官は、平生の経験によりて、あまり速やかにその法の緒口（しょこう）を見たり（※解った気になる）。

◆およそ士官は、何の兵に属するを論ぜず、堡砦（ほさい）、大砲、地理、勘定向、真の兵術に於いて、十分の理解を得ざるべからず。大砲および土工は、最も広き各種の知見を要す。

◆すべて諸国、その国の兵士あれば、必ずよき士官を養成する学校を建てざるべからず。

◆そもそも真の兵術教導は、一般教導（武人は、何の兵に属するに論なく、すべて始めに学ぶべき通教あり。これを一般教導という。もし始めにこれを学び置かざれは、諸芸上達しがたし）を基本となす。方今日本の士官、多くはこれを闕如（けつじょ）せり。

◆日本の士官、欧羅巴の調練および行軍学を学びたるもの多し。然れども、いまだ練熟せず。よくこれを用い、かつその要を選ぶために欠くべからざるところの、諸種の知見あらず。

◆日本人要用なる学術の諸書を日本語翻訳せしめたり。然れども、諸士官、これを理解することなし。緊要なる基本の知見を聞き居らざるが故なり。切要なる事体と、急務にあらずして差し置くべき事体とを、弁別せざりけり。

◆日本の士官ただ書籍上にのみにてこれまで覚えたる方今の築城学は、みな疎漏浅学というべし。当今陸軍中、この学を以て最大なる学術となし、これをゼニー隊（工兵）に委ぬ。

（原文は勝海舟全集『陸軍歴史』に収録）

右はシャノワンヌの意見のごく一部だが、さすがフランス陸軍の逸材、見るべきものを見ている。今日のわれわれにもつうじる日本人の性癖を見事に指摘している。

日本の士官すなわち幕府軍士官＝旗本も『三兵答古知幾』など翻訳書をよく読んだであろうと推察されるが、これを読んだだけで有能な野戦指揮官になれるわけではない。「幕府・長州戦争」、「鳥羽・伏見の戦い」がそのことを具体的に証明している。

一方、高野長英におとらぬ語学の天才だった大村益次郎（旧名村田蔵六）は、長州藩の中枢にばってきされ、長州軍の近代化を全面的にまかされた。

大村を登用した成果は、対幕府戦争、鳥羽・伏見戦の勝利、さらには明治維新後の新国軍創設へとつながった。大村はのちに反動者の凶刃にたおれるが、犯罪者として追われた長英の悲運を思うとき、持てる才能を存分に発揮する機会をあたえられた大村はもってめいすべきであろう。

大村益次郎が翻訳し教本として教育したのは、オランダ人クノープが著述した三兵戦術書（一八五三年版）の翻訳本『兵家須知戦闘術門』である。クノープの戦術書は『提綱答古知幾』という書名で別途翻訳（翻訳者不明）されており、静岡県立図書館電子図書館システムの葵文庫で読むことができる。ちなみに提綱とは要約のことで、軍事用語もかなりこなれてきている。

江戸時代の洋書の輸入は、享保五（一七二〇）年――八代将軍吉宗の治世――の「キリスト教以外の禁書の輸入許可」以降である。その内容は各国事情、軍事、天文、博物、医薬、地理測量、数学物理、化学、政経、語学など広範多岐にわたる。

中山茂編・論文集『幕末の洋学』によれば、外国で刊行された著書を輸入し、翻訳して利用された洋書は、医薬書（百八）と軍事書（百三）が圧倒的に多く、語学（五十四）と各国事情（五十一）がこれらに次いでいる。高島秋帆の徳丸原調練以降、軍事関係書の翻訳が増えているが、このことは時代を反映した動向であろう。

軍事関係書は軍制、用兵、訓練などのソフト部門、小銃・大砲・弾薬の製造、砲台の構築などハード部門があり、『三兵答古知幾』や『兵家須知戦闘術門』は代表的なソフトであり、幕末期のわが国の軍事思想に大きな影響をあたえた。

欧米で数百年かけて進歩発展した軍事科学技術や軍事思想を、わが国は幕末の二十数年で集中豪雨のようにあびた。これらに追いつくためには社会制度の大変革が必要となるが、門閥世襲という封建制度や幕藩体制が大きな壁となった。尊王・攘夷も、討幕・維新も、つきつめていえば近代的国民国家へのさけがたい陣痛だった。

オランダ語の「Taktiek」は、今日では「戦術」という用語が定着しているが、当時はこれに見合った日本語がなく、「答古知幾」と音訳した。

長英は、しいて訳せば整兵術であるが、「その字熟せずかつ允當」しないため、原辞のまま音訳し、後日改めるべしとしている。長英が翻訳した『三兵答古知幾』は、全二十七巻の和本、四百字詰め原稿用紙で八百枚を超える大著である。

外国の戦術書を的確に翻訳するためには、このことは今日でもまったく変わらないが、戦術書のバックグラウンドとなるその国の軍事制度、部隊の編成・装備、野砲・小銃等火器の性能・運用など軍事全般の基礎知識が不可欠である。

高野長英は『兵制全書』『兵学小識』『三兵活法』『西洋歩兵教練法』『デ氏三兵タクチキ』『砲家必読』『新制鉄砲鎔鋳法』などを翻訳しており、軍事全般の知識は当代では群をぬいていた。すなわちブラント著ヨーロッパの最新兵術書『歩騎砲三兵戦術書』が翻訳できる数少ない日本人の一人だった。

長英が宇和島藩主・伊達宗城に献じた『知彼一助』に、フランスの兵制を紹介して「一兵卒といえどレジメント（連隊）を指揮するコロネル（大佐）まで昇進できる」との一節があり注目される。

このことは門閥世襲を前提とした封建制度ではあり得ないことで、当時の国家体制への痛烈なひにくだった。長英は日本の社会制度が抜本的に変わらなければ、西洋のような兵制には移行できないことを認識していたにちがいない。

『三兵答古知幾』の構成内容は、「戦闘編」――五十パーセント強、「行軍編」――約十五パーセント、残りが「部隊の編成」、「兵站」、「宿営」、「付録（小銃・大砲の性能諸元）」である。※用語は自衛隊の教範などで使用されているものを使用した。

大半を占める「戦闘編」の記述範囲は、旧陸軍の『作戦要務令』や陸上自衛隊の『野外令』と大差なく、ブラント著『歩騎砲三兵戦術書』が体系的に完成した戦術書であることを立証している。幕末期になると、ナポレオンの活躍などがもれつたわって来たが、この書を手にした者――武士が大半であろうが――の驚愕（きょうがく）ととまどいが察せられる。

秋山真之著『海軍基本戦術第二編』

日本海海戦当時（明治三十八年五月）の連合艦隊参謀・秋山真之（さねゆき）は、日本海軍きっての戦術家だった。戦術教官・秋山真之が日露戦争の前後に海軍大学校で甲種学生に講述した内容が、講義録『海軍基本戦術第二編』としてまとめられている。

その第一章は「兵理」となっている。

秋山は、兵理を［兵戦において対抗兵軍の勝敗を支配する自然の原理］で、［恒久不易（ふえき）］の［力学の原理］のようなもの、と定義している。

最初に用語を統一しておこう。秋山の『海軍基本戦術第二編』では「兵理」という用語が使われているが、「兵理」は今日のわが国では語感として違和感があり、本稿では「兵理」に換えて「戦理」という用語を使用する。

秋山は、兵戦の三大元素（要素）は時、地、力に帰納せられ、力を第一とし地、時がこれに次ぐと断じている。兵戦（戦闘）においては先ず兵力の優劣に着眼し、次いで地の利害を観察し、終わりに時の適否を考慮する、との意味である。

西洋の兵家はこれをTime.Place.Energy.と説き、孟子は「天時不如地利、地利不如人和。（天の時は地の利に如かず、地の利は人の和に如かず）」といい、人、地、時を順序付けた。すなわち、時（Time）、地（Place）、力（Energy）の三大要素は古今東西にあいつうじるものといえよう。

力とは戦闘力（※第二章で詳述）のことをいい、有形的と無形的とをとわず、人為的に形成することができる。戦闘力が戦勝の鍵をにぎっていることは自明の理だが、陸戦においては地と時の影響を大きく受けることもまた事実である。

地とは地形の特性・広狭などで、山地、丘陵、平野、河川、沼沢、砂漠、森林、隘路、錯雑、開豁などが複雑にからまって戦闘力発揮に影響を与える。第一次世界大戦以前は、地は文字通り陸上の地形と同義だったが、今や空中はいうまでもなく宇宙にまでひろがり、地＝空間といえる。

時とは時機（時刻、過去・現在・未来など）および天然現象（明暗寒暑晴雨など）のことをいう。時機・天然現象が戦闘力発揮に影響をあたえることはいうまでもない。

戦術の要とは、端的に言えば戦闘力（力）・空間（地）・時間（時）の三大要素のバランスをとること、といえよう。たとえば戦闘力が不足する場合は地形または時間によりこれをおぎない、時間がなければ地形または戦闘力をもってこれを補完する、というぐあいだ。

したがって、戦闘力をどのように使うかがポイントとなる。

秋山は、力の状態および用法は集・散・動・静の四法に帰する。「力を以て相争抗する宇宙間は何事も優勝劣敗に支配せられざるなし」と言いきっている。

戦いは力（戦闘力）と力（戦闘力）の抗争であり、空間（地）・時間（時）という条件下で、戦闘力の集・散・動・静の組み合わせにより、強いものが勝ち弱いものが負ける、いわゆる「優勝劣敗」という戦理が成立する。


「集」――戦闘力は集めれば強くなる。

「散」――戦闘力は分散すれば弱くなる。

「動」――戦闘力は動かせば強化する。

「静」――戦闘力は静止すれば弱化する。


攻撃は、「集」×「動」の組み合わせで戦闘力が最も強大となり、主動性を確保して決定的成果を得る最良の方策。古来、大兵力を有しながら敗者となった戦例が多い。集・散・動

・静の組み合わせに失敗したことがその大半の理由である。

「優勝劣敗」は平凡にして冷厳な戦理である。とはいえ、優者と目される者が常に勝ち、劣者といわれる者が常に敗れるわけではない。

強大な戦闘力を保有しながら、これを効果的に運用する術を知らないがゆえに、戦いに敗れた例は枚挙にいとまない。逆に、劣勢な戦闘力しか保有できない場合でも、その運用の妙により、戦勝を獲得した例もまた戦史に多く見られる。

集・散・動・静といった力の状態および用法は、「集」×「動」＝攻撃、「散」×「静」＝防御といった単純な組み合わせだけではない。

攻撃の場合（「集」×「動」）は、攻撃部隊に連携して一部の部隊をもって敵後方にヘリボーン攻撃する如く、集のなかに散という組み合わせもある。

防御の場合（「散」×「静」）でも、機動防御は「散」×「静」と「集」×「動」が併用され、陣地防御では陣地に侵入した敵に対する逆襲という予備隊による「集」×「動」がある。

遅滞行動は、複数の防御陣地（「散」×「静」）を逐次にまたは交互に動かしながら、地域を犠牲にして時間を稼ぐ防勢的な戦術行動である。すなわち静の中に動がふくまれる。

公使館付武官として米国に駐在した秋山真之はマハンから直接指導を受け、国防論の権威者佐藤鉄太郎はマハンの著書を徹底して研究し〝日本のマハン〟と呼ばれた。秋山はマハンからジョミニの『The Art of War』を読めとすすめられ、同書を精読している。

島田謹二著『アメリカにおける秋山真之』は、米国における秋山の「いきざま」を、あたかも同行しているがごとく詳細にたどっている。著者は、第一章と終わりの章で、秋山が読んだ『The Art of War』は一八六四年版と断じている。

一八六四年版は、本章の冒頭で述べたドーバー出版社の復刻版の原書である。著者の手元に復刻版があり、秋山真之はこの原書を読んだのかといささかの感慨をおぼえる。秋山を追っているうちにふと見つけたエピソードである。

マハンの申し子ともいうべき秋山真之と佐藤鉄太郎は、ともに日本海軍の戦略・戦術思想に大きな影響をあたえた。

予は先づダヴリュイ及ダリュースの著書と同じく正格なる論文ジョミニの「Art of War」とを読み、次いで歴史の叙述と、史実の戦略戦術的検討とを併せたる同氏の「History of the Wars of the French Revolution」を研究せる後、一篇の歴史教程を執筆し、稿成りて「The Influence of Sea Power upon History（※海上権力史論）」なる題下に之を出版せり。（アルフレッド・マハン著『米国海軍戦略』海軍軍令部訳）

マハンが『海上権力史論』執筆に際して、「兵学上の同士（best military friend）」と敬愛したジョミニから大きな影響を受けたことはよく知られている。マハンは、米海軍大学校を創設したリュース少将の「作戦には若干の根本的原則あり、もって陸上作戦なると海上作戦なるとを問わず、一般の場合に適用し得べし、これすべからく研究せざるべからず」（『米国海軍戦略』）という言を引用して、その研究姿勢を明らかにしている。

ジョミニ→マハン→秋山真之→旧海軍→海上自衛隊という系譜がある。同様に、ジョミニ→米陸軍（オペレーションズ）→陸上自衛隊（野外令）というもうひとつの系譜がある。わが国では戦術家としてのジョミニはあまり知られていないが、ジョミニの『The Art of War』が陸上自衛隊と海上自衛隊の戦術思想の原点であることを、強調しておきたい。

秋山真之の「海軍基本戦術」「海軍応用戦術」「海軍戦務」は、海軍大学校の戦術教育の講義録であり、本来は戦術教育や業務の参考図書だった。であるが、とくに「海軍戦務」は後に「海戦要務令」となり、聖典化され、門外不出となった。

二〇〇五年に『秋山真之戦術論集』が出版された。講義録「海軍基本戦術」・「海軍応用戦術」・「海軍戦務」が原文のまま収録され、一般読者の目にふれることができるようになり、戦術初学者には貴重な一書といえよう。

本稿でとりあげた『海軍基本戦術第二編』は、戦後の昭和四十四年に旧陸軍出身の陸上自衛官により発行された『戦理入門』に大きな影響をあたえており、筆者などはその恩恵をこうむった一人といえよう。原著者の秋山真之に感謝する次第である。

フラー著『講義録・野外要務令第三部』

わが国ではJ・F・Cフラーの名前はよく聞くが、日本語で読める著書はすくなく、その業績はほとんど知られていないというのが実体。フラーは「戦いの原則」の生みの親であり、戦術研究に関する著作も多い。

フラーは学究肌の軍人で、少壮士官時代から戦争を科学的に観察し、ナポレオン戦争を研究して六項目の「戦いの原則」を確定（一九一二年）、その後第一次世界大戦の教訓をとりいれて二項目を追加（一九一六年）した。フラーが確定した「戦いの原則」を、イギリス陸軍当局が一九二〇年に教範『野外要務令第二部』に正式に採用した。

一九二五年に発行されたフラー著『戦争の科学の基礎（THE FOUNDATIONS OF THE SCIENCE OF WAR）』に、「戦いの原則」確定の経緯が述べられており、それは一朝一夕になったものではなく、長年にわたる研究の積み重ねだったことが明らかにされている。

私は長年にわたって、二種類の戦術書――今日の戦争のためと明日の戦争のための本――が必要であると主張してきた。最初の本が『野外要務令第二部』であり、二番目の本が『野外要務令第三部』である。私はこれら二冊を講義録という形式で書いた。現実には存在しない教範だが、存在すべきであり、将来必ずや存在するであろうことを疑わない。

（『(Lectures on F.S.R. Ⅲ)』）

今日の戦争のための幻の教範は、一九三一年に『講義録・野外要務令第二部（Lectures

on F.S.R. II）』として刊行された。二百ページ弱、戦術解説書といった内容で、フラーの戦術研究の成果が集大成されている。※FSR：Field Service regulations

明日の戦争のための教範は、翌三二年、『講義録・野外要務令第三部（Lectures on F.S.R. III）』として刊行された。全体の構成は第二部と同じである。

フラーは、将来戦は戦車を中核とする機甲戦となる、と断言している。第三部（幻の教範）は将来戦の予言書で、現代戦にもつうじる機甲運用の原則書といえよう。

『講義録・野外要務令第三部』は、ドイツのグデーリアン将軍に強烈なインパクトをあたえ、のちに「電撃戦」として花開いた。ソ連で十三万部印刷されて赤軍全将校に配布され、チェコスロバキアでは陸軍大学校の基本教本として使用された。フラーのおひざもとイギリスでは五百部だけ販売され、アメリカでは無視された。

歴史の皮肉ともいえるエピソードがある。

一九三九年四月二十日、ナチスドイツの首府ベルリンにおいて、アドルフ・ヒトラーの五十歳の誕生日を祝賀する軍事パレートが盛大に挙行され、招待者のなかに、イギリス陸軍退役少将J・F・Cフラーの姿がみられた。（※フラーは、二度目のインド勤務を命ぜられたことを契機に、一九三三年十二月に陸軍を退役した。当時五十四歳だった。）

フラーは、（かつて自分が提唱した）完全に機械化され自動車化された軍隊が、列を組み轟音を立てて目の前を通り過ぎるのを、感慨ぶかげに見守っていた。

そのとき、ヒトラーがふり向いて、フラーに声をかけた。

「子供たち（機械化部隊）の成長ぶりはいかがですかな、ご覧のとおりです」

フラーがすかさず応じた。

「閣下、子供たちはかくもすみやかに成長し、もはや一人前の大人になりました」

先覚者、予言者は受け入れられるよりはむしろ排斥されることのほうが多い。自分の夢が敵国のドイツで実現したことをまのあたりにしたフラーの胸中はいかがであったか……。

第一次世界大戦終了後、戦車誕生の地イギリスで、戦車の将来に関するさまざまなアイデイアや提言がなされた。それらは「戦車の役割は終わった」から「将来戦は戦車集団の戦いになる」までまさに百家争鳴だった。

戦車百年の歴史をかえりみると、リデル・ハート（B.H.Liddell Hart）とフラー（J.F.C.Fuller）の二人は、戦車・機甲運用に関する〝予言者〟というべき存在だ。リデル・ハートは、将来戦のマスター・ウェポンは戦車であり、陸軍は新ドクトリンを確立し、編成を改め、戦術を一新して新生陸軍として再建すべし、と主張した。

フラーは、リデル・ハートの主張をさらにすすめて、機械化部隊運用のコンセプトを開発した。『講義録・野外要務令第三部』がその集大成だった。

アメリカでは初版は無視されたが、十年後の一九四三年にその先駆的な内容があらためて再認識され、当時すでに始まっていた第二次世界大戦の現況をふまえて、旧版にフラー自身が注釈をつけ『機甲戦（Armored Warfare）』と改題して出版された。

一九三二年当時の日本では、国産第一号の八九式中戦車初期型（甲）の生産が始まり、日本も戦車生産国の仲間入りした。当時の日本陸軍は白兵銃剣突撃という思想一色に染まっており、戦車のごとき異端者が受け入れられる余地はほとんどなかった。

日本陸軍の戦車は、歩兵の突撃を支援する動く装甲トーチカとして、歩兵補助兵器にすぎなかったのである。当然、フラーの先進的な提言などは聞く耳をもたず、グデーリアンのごとき独創に富む人材をばってきすることもなかった。

（陸上自衛隊幹部学校）戦理研究委員会編『戦理入門』

戦前戦後をつうじて、わが国には「戦術学」を学ぶ基本的な参考書にとぼしい。誤解をまねかないようにいうと、一般読者が平易に手に取れる参考書がないということだ。戦前は軍隊が軍事を独占し、戦後は民間が軍事を避け、戦前戦後をつうじて一般国民が軍事にふれる機会が極端にすくなく、「戦術学」を学ぶ機会がなかったということ。

このような風潮の中で、昭和四十四年、戦理研究委員会編『戦理入門』が田中書店から刊行された。『戦理入門』は新書版百八十九ページの小冊子であるが、自衛隊の部内ではなく民間の出版社から出版されたことに意義があるといえよう。

民間から出版されたということは、自衛官だけではなく一般読者も購読できるということであり、「戦術学」を広く開放することにつうじる。現実には、一般読者の手にわたることはほとんどなかったのでは、とおしまれる。

田中書店版『戦理入門』は、昭和五十年に改訂され、その後絶版となった。平成七年に田中書店版を再改訂して陸戦学会から復刊された。新版は、旧刊の本文を部分的に改訂し、欠落事項を追加しているが、全体として原著書の内容をひきついでいる。

では、なぜ『戦理入門』が注目されるのか？

少し長くなるが原著の「発刊の辞」の要点を引用する。

従前から、戦理についての部分的・断片的文献は比較的多く散見されたのでありますが、体系化されたものは今までなかったのであります。

戦理の本質（合理と実証により弁証法的に発展する性格を有する理論）に照らして、これらの体系化には困難なものがあります。然しながら最近の青年幹部等の素養にかんがみ「序」において述べられた如く、戦理の研究は急務であることが痛感されますので、戦理研究委員会をもって体系化を図ることになったのであります。

この体系化にあたりましては、鬼沢、野副、山之内各教官の指導により、松本（大）、清藤、前田各教官が中心となり、四二年三月起草し、幾多の労苦を重ねつつ同年八月に概成、幹部学校記事を通じ、その要旨を逐次紹介して参りました。

幸いに各位の御好評を得、またこの際、単行本にせよとの御要望にこたえ、富沢教官が編さんにあたり、戦術初学者の参考として刊行する運びに至った次第であります。もちろん本書は、研さん途上のものであり、なお推敲の余地が大きいと思いますが、取りあえず初学者の自学研さんのために紹介する次第でありまして、各位の御意見、御叱正を賜りたいと存じます。

（昭和四十四年版『戦理入門』）

当時陸上自衛隊幹部学校長だった梅沢治雄陸将は、本書の「序」で、「第二次大戦末ころまでの戦理のうち特に重要と思われるものについて、戦史戦例に証左教訓を求めつつこれを分析し、古今の著名な兵学書等に照合吟味のうえ整理体系化したものであり、戦略戦術研さんを志す青年幹部諸官のためのよい参考書」であると述べている。

陸上自衛隊は、昭和二十七（一九五二）年の保安隊発足時、米陸軍野外教令FM-5『OPERATIONS』を翻訳した『作戦原則』を基本教範とした。昭和四十三（一九六八）年に自前の『野外令』が制定されるまでの間、戦後世代の幹部（旧軍の経験なし）が勉強できる戦術書は米軍の翻訳教範しかなく、〝最近の青年幹部等の素養〟と危惧されるような状態となっていた。

昭和四十三年の『野外令』制定前後、『戦理入門』、『令1解説』、『師団の解説』、『師団兵站概説』などがあいついで刊行され、戦術を自学研鑽する環境が急速にととのった。（私事ながら）筆者は昭和四十三（一九六八）年三月に防衛大学校を卒業し、戦術の自学自習環境がととのった時期に幹部自衛官としてスタートした。

三十六人のメンバーが戦理研究委員会に名をつらねているが、いずれも旧陸軍将校で、太平洋戦争の敗戦という苦い体験をふまえ、その痛切な反省と教訓が研究内容にこめられている。『戦理入門』は旧陸軍世代から戦後世代への貴重な「申し送り書」といえよう。

内容は［古今の著名な兵学書等に照合吟味のうえ整理体系化］したとされており、秋山真之著『海軍基本戦術第二編』――兵戦の三大要素（時・地・力）、力の状態及び用法（集・散・動・静）、優勝劣敗など――も全面的にとりいれられている。

フラーは、「戦闘力行使の基本的概念（three tactical conceptions）」としてＨｏｌｄ（拘束）、Ｍｏｖｅ（機動）、Ｈｉｔ（打撃）をあげている。『戦理入門』はこれをより具体化して、Ｆｉｎｄ（情報機能）、Ｆｉｘ（拘束作用）、Ｆｉｇｈｔ（打撃作用）、Ｆｉｎｉｓｈ（戦果の収得）を「戦闘における4Ｆの原理」としている。

『戦理入門』には参考文献が列挙されていないのは残念だが、右のように古今東西の文献を参考にしていることは明らかである。図を多用し内容の理解を容易にしていることも特色のひとつだ。これは筆者の独断であるが、『戦理入門』は旧陸軍・陸上自衛隊をつうじて唯一ともいえる「戦術学」参考書として大いに評価したい。

米陸軍野外マニュアル『戦術（TACTICS）』

米陸軍は二十一世紀の戦略環境の変化に対応すべく、陸軍がになう役割を平時の活動から全面戦争にまで拡大、二〇〇一年版 FM3-0『OPERATIONS』でドクトリンを「エアランド・バトル」から「フル・スペクトラム・オペレーションズ」へシフトした。

新ドクトリンは、平和時における通常の任務から有事における全面戦争までを対象とし、地域的には国内と海外の両者をふくむ。新ドクトリンは陸軍が単独で任務を遂行するのではなく、陸・海・空・海兵隊統合部隊の一部として行動することが前提となる。

フル・スペクトラム・オペレーションズは、最初のドクトリン（一七七九年制定）から数えて十五番目。このことは米軍のすごみといえるが、ドクトリンが変わるということは、部隊の編成、教育訓練、装備、リーダーシップなどの大幅な刷新を意味する。

実際、米陸軍は新ドクトリンのもとで編成を抜本的にあらため、従来の固定的師団をモジュラー師団へと改編した。モジュラー師団とは、端的にいえば、師団司令部、数個の旅団戦闘チームおよび複数の支援旅団で臨時に編成する師団をいう。

モジュラー師団には師団司令部のみが存在し、配属される旅団戦闘チーム——重旅団戦闘チーム、ストライカー旅団戦闘チーム、歩兵旅団戦闘チーム——が最大の固有編成部隊である。新ドクトリンにより、二十一世紀の申し子ともいうべき「ストライカー旅団戦闘チーム」を創設し、各種ストライカー戦闘車両、機動砲システム（MGS）が誕生した。

米陸軍の基本教範である『OPERATIONS』には、攻撃、防御などの戦術原則が記載されていたが、二〇〇一年版以降、これら原則事項がFM3-90『TACTICS』として分離独立した。〝まえがき〟で不易流行について述べたように、「流行」の部分を『OPERATIONS』へ残し、戦術原則の「不易」の部分を独立マニュアル『TACTICS』とした。

FM3-90『TACTICS』を理解するためには、読者諸官は、作戦術(operational art)、戦いの原則(principles of war)、および、FM3-0『OPERATIONS』に記述されている戦争のレベル(levels of war)における作戦および戦術との関連事項(links)を理解しなければならない。(二〇〇一年版『TACTICS』の巻頭言)

二〇〇一年版FM3-90『TACTICS』は、五百七十八ページの大冊である。ドクトリンの変更に左右されない戦術の原則事項(攻撃、防御)を体系的に解説し、図示し、古今東西の豊富な戦史を例示している。内容的には「戦術学」の参考書といったおもむきである。戦術初学者にはかっこうの入門書といえよう。

筆者の手元にオンデマンド版があるが、原著は電子化され、だれでも閲覧できる。五百七十八ページの大冊を携帯することは困難であるが、モバイル機器があればいつでも中身を検索できる。本書は一般公開されており、軍人のみならず、一般読者も読むことができ、「戦術学」の普及という面からもうらやましいかぎりだ。

第二章　戦術の基盤

指揮官の役割

三面等価の原則

マネジメントの教科書に「三面等価の原則」として三角形の図がしめされていた。正直なところ、筆者には図の意味が理解できなかった。

三角形の各辺に責任、権限、義務と日本語だけで簡潔に表記されていたが、とくに義務の意味・内容が理解できなかった。マネジメントは欧米とくにアメリカから輸入された概念で、「義務」に相当する用語が英語の［accountability］であることを確認して、はじめて得心がいった次第。

図の意味は、管理者＝マネージャーは、あるポストについた場合、またはある仕事をあた

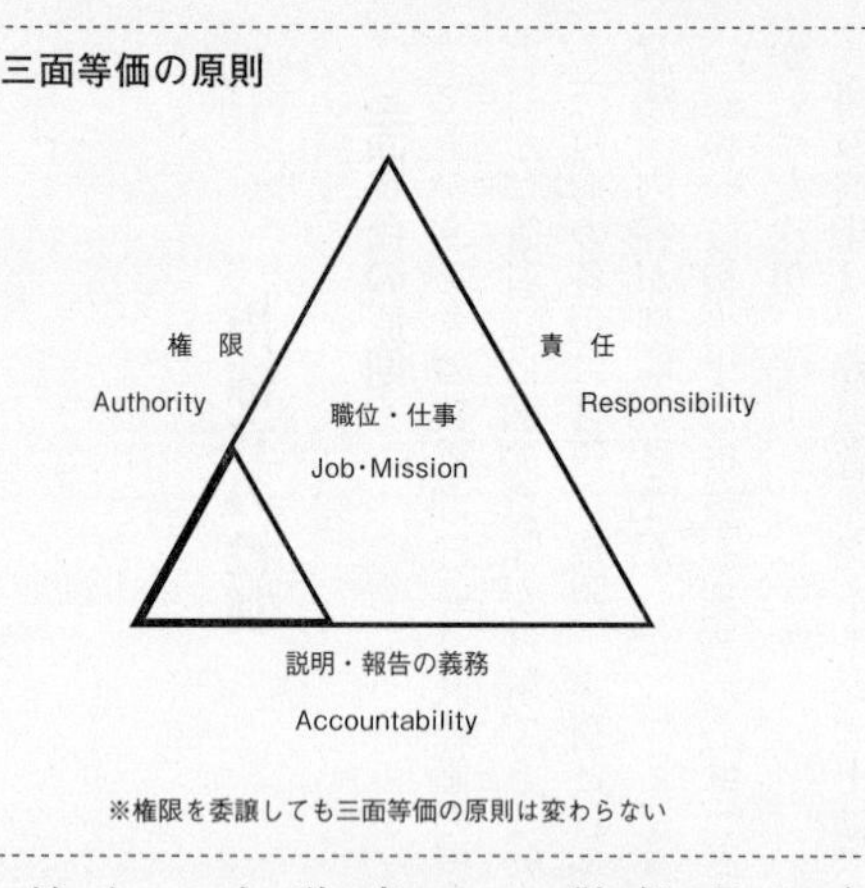

えられた場合、その職責・仕事を完全に成しとげる責任があり、職責・仕事の内容にみあった権限があたえられ、同時に、職務・仕事の実行状況を組織の上下左右あるいは組織外の関係者に報告・説明する義務がある、ということ。

筆者はこれと同様の表現を米陸軍の野外マニュアル『ストライカー旅団戦闘チーム』に見出し、序章で述べたように、軍事理論がマネジメント理論と同根であることをあらためて確認し、ストンと腑に落ちた。（※三十四ページ参照）

上級者が部下に任務を付与することの意味は、上級者が持っている権限の一部を部下に委任し、縮小した三角形をあたえることである。任務をもらった部下には三角形の大きさに応じた責任、権限、報告・説明の義務がひとしくつきまとう。権限には公的な権限だけではなく自主裁量の余地までふくまれる。上級者は部下に責任、権限、報告・説明の義務があることを教育し、その確実な実行をもとめなければならない。

いかなる組織であれ、経営者、管理者、マネージャーに報告・説明義務（accountability）

があることは常識だが、日常業務などで、要求されないと報告しないという例——いわゆる待ち受けの態勢——が散見され、軍隊、団体、企業などでも実態は変わらない。組織に所属する以上、トップから末端まで「三面等価の原則」はつきもので、報告・説明が徹底されないのは、上に立つ者の教えざる罪である。

指揮官とは

米陸軍では中隊長以上の指揮官をコマンダーといい、小隊長以下班長、分隊長、組長をリーダーという。コマンダーとリーダーのちがいは、公的権限——指揮権、管理権、人事権、決裁権など——を付与されているか否かの差である。

陸上自衛隊では中隊長も小隊長も班長も一律に「長」をつけるが、米陸軍ではコマンダーとリーダーを明確に区別している。

では、小隊長以下のリーダーには指揮権はないのか？

小隊長（Platoon leader）以下のリーダーは中隊長の公的な指揮権の一部を委任されて、小隊、班、分隊、組を一時的に指揮するのであり、中隊長のように公的な権限を常時付与されているわけではない。

Lieutenant（中尉・少尉）は、平素、Company Grade Officer（中隊付将校）として配置され、中隊長のスタッフ、手足として勤務する。訓練や戦闘配置の場合、小隊のリーダーとして中隊長の指揮権の一部を委任されて小隊・隊員を指揮する。

指揮官の究極的な姿は万国共通であるが、指揮官像は民族、歴史、文化などによりびみょうなちがいがあるようだ。

指揮官ハ軍隊指揮ノ中枢ニシテ又団結ノ核心ナリ。故ニ常時熾烈(しれつ)ナル責任観念及強固ナル意志ヲ以テソノ職責ヲ遂行スルト共ニ、高邁(こうまい)ナル徳性ヲ備エ、部下ト苦楽ヲ倶ニシ、率先躬行(きゅうこう)、軍隊ノ儀表(ぎひょう)トシテ其ノ尊信ヲ受ケ、剣電弾雨ノ間ニ立チ、勇猛沈着、部下ヲシテ仰ギテ富嶽ノ重キヲ感ゼシメザルベカラズ。(『作戦要務令』綱領)

旅団長は、指揮・統制システム、人材の配置、情報管理、諸手続、指揮用装備・施設などを通じて指揮・統制機能を発揮する。(米陸軍野外マニュアル『旅団戦闘チーム』)

日本的な指揮官像は、個人的資質を重視するイメージがつよい。

米陸軍の指揮官は、プロセスや手順をきちんと踏んで組織を合理的に運営する、どちらかといえば経営者的なイメージがつよい。

陸上自衛隊は米陸軍をモデルに警察予備隊として発足したが、経営者的な指揮官像が定着しているとは必ずしもいえないようだ。

軍隊・自衛隊は個々の意思を持った人間の集団で、組織で行動することを前提とする。

指揮官は、部下部隊との信頼関係の上に立ち、組織が保有する機能を最大限に引き出して、任務を遂行する存在。訓練精到な部隊といえども、指揮官の力量をこえた能力の発揮はあり得ず、指揮官の自己修練がきびしく問われるゆえんである。

指揮官とは、部下に死を賭して任務の遂行を命じる者であり、その統率、判断、指揮を歴史からさばかれる存在である。いかなる国家も、指揮官養成のための教育機関（士官学校、各種実施学校など）を整備し、多くの資源と時間をそそいでいるのは、軍隊指揮官の適否が国家の運命を左右することを知っているからである。

指揮官と幕僚

昭和十三（一九三八）年に制定された『作戦要務令』は、旧陸軍の基準典範令で、綱領、第一部～第三部で構成されている。師団を主対象として記述されているが、全編をつうじて、参謀という用語が出てこない。

旅団以上には参謀が配置されるが、『作戦要務令』は指揮官と参謀の関係を一言もふれていない。『作戦要務令』は教育総監部が起草し、参謀の養成と配置は参謀本部が所掌した。第三者は参謀のあり方に口を出すな、といった参謀本部の思惑が見えがくれする。

日本軍の参謀制度はモルトケ方式（参謀統帥）であった。日本が満州事変より支那事変、大東亜戦争へと突進してしまったのは、その弊害があらわれたものだと、いわれている。

ナポレオンの参謀は秘書的色彩が強く、情報収集と命令伝達が主任務で、主将の決心を左

右するような企画や意見具申はあまりしなかった。英米仏の参謀はこの流れである。（大橋武夫著『統率』時事通信社）

旧陸軍はプロイセン（ドイツ）の参謀制度をとりいれ、日清・日露戦争では効果的に機能したが、日露戦争以降は参謀飾緒（しょくちょ）と天保銭が肩で風を切るようになり、下剋上（げこくじょう）の風潮を生ずるなど弊害が目にあまるようになった。戦後に創設された陸上自衛隊はこのことを痛切な教訓として、米軍方式の幕僚制度を採用し、今日では完全に定着している。

幕僚は指揮官を補佐するものであり、その活動の根源は指揮官にある。幕僚は部隊を指揮する権限を保有しない。（『令1解説』）

戦後世代の自衛官――当初から自衛隊という制度のもとで教育訓練された自衛官との意――には常識となっているが、右の条文は米陸軍の野外マニュアル『OPERATIONS』に淵源する。

米陸軍は陸上自衛隊の［指揮］に相当する用語を［指揮および統制］（C2：Command and Control）と表現し、指揮は指揮官の専権事項であるアート（術）、統制は幕僚が実施するサイエンス（科学）として、指揮官と幕僚の役割を明確にしている。

アートとサイエンスはかさなる部分もあるが、アートは指揮官個人の属人的な特性で、その大部分は暗黙知となっている。サイエンスは、指揮官の意図を具体化するため、幕僚が作戦規定や文書要務などにもとづいておこなう実務で、形式知の分野に属する。

端的にいえば、指揮官が決心し、幕僚が作戦計画、作戦命令、作戦図などに具体化することが、指揮官のアートであり幕僚のサイエンスである。

指揮官の最も重要な義務は決断することである。それは、指揮官が腹をくくって〝イエス〟または〝ノー〟と言うことだ。幕僚は指揮官に情報を提供するが、幕僚はいかなることをも自ら決断してはいけない。（J・F・Cフラー）

陸上自衛隊の幕僚は米陸軍とおなじ位置づけであるが、内実は、日米のカルチャーのちがい――組織と個人の関係――があり、びみょうにことなる。

陸上自衛隊における幕僚の概念はゆるやかで、特定の個人を対象としない。司令部や部隊本部に配置されて指揮官を補佐する幹部はすべて幕僚という考え方である。

筆者が現役当時の陸上自衛隊では、旅団以上の幕僚は指揮官の頭脳として、団以下の幕僚は部隊幕僚・係幹部として指揮官の手足としての役割が期待されていた。この考え方は今日も変わらない。

頭脳として指揮官を補佐する師団・旅団以上の幕僚には特別の識能――戦略、戦術その他防衛に関連ある各般の分野にわたる知識・技能――が必要で、世界各国の陸軍は幕僚養成機関として陸軍大学・参謀大学などを設置している。陸上自衛隊幹部学校／指揮幕僚課程は、陸軍大学・参謀大学に相当する幕僚養成課程である。

戦闘力——勝敗を決定する力

旧日本陸軍は無形戦闘力を偏重

第二　戦捷（せんしょう）ノ要ハ、有形無形ノ各種戦闘要素ヲ綜合シテ、敵ニ優ル威力ヲ要点ニ集中発揮セシムルニ在リ。

訓練精到ニシテ必勝ノ信念堅ク、軍紀至厳ニシテ攻撃精神充溢（じゅういつ）セル軍隊ハ、能ク物質的威力ヲ凌駕（りょうが）シテ戦捷ヲ完ウシ得ルモノトス。（『作戦要務令』綱領）

『作戦要務令』の制定はノモンハン事件前年の昭和十三年、物質的威力にまさるソ連軍を仮想敵とし、このソ連軍に対して戦勝を獲得する無形戦闘要素として訓練精到、必勝の信念、軍紀至厳、攻撃精神充溢など精神面を重視していることに大きな特色があった。

日本陸軍は『作戦要務令』制定の翌昭和十四年、さっそく、ノモンハンで近代化されたソ連軍と正面衝突し、無形要素重視の是非がためされた。

「ノモンハン」附近戦闘ノ経験ニ基ク最大ノ教訓ハ、国軍伝統ノ精神威力ヲ益々拡充スルト共ニ、低水準ニ在ル我ガ火力戦能力ヲ速カニ向上セシムルニ在リ。而シテ精神威力拡充ノ方策ハ多岐広汎ナリト雖モ、戦時所要ヲ基礎トスル幹部ノ増加養成、戦時態勢ヲ基準トスル指揮組織ノ確立及軍紀ノ振作ヲ以テ根本トスベシ。（ノモンハン事件『研究報告』）

ノモンハン事件（昭和十四年五月～九月）は、満州の西北部におけるモンゴル（外蒙古）との国境地帯における国境紛争（局地戦）。事件の発端は、満・蒙両国が主張する国境線がことなることに起因するこぜりあいだったが、日本軍とソ連軍が現場に進出するにおよび、紛争は逐次拡大して本格的な戦闘になった。

日本軍は、まず捜索隊の出動によって越境部隊を駆逐したが、ソ連軍が本格的に越境して防御陣地を構築したあと、五月下旬の歩兵連隊、七月上旬における師団の攻撃のいずれも、有形戦闘力の劣勢により所期の目的を達成できなかった。

ソ連軍は、ジューコフ将軍指揮下で三ヵ月間もの作戦準備をおこない、八月二十日、日本軍の四～五倍の兵力で攻勢に転じた。日本軍陣地はあちこちでほころび、敵中に孤立して玉砕する部隊があいついだが、日本軍伝統の絶対不敗の信念にもとづく敢闘精神とソ連軍の作戦が限定目標の攻撃だったことに助けられて、殲滅（せんめつ）をまぬがれた。

ソ連軍との戦いは、第一次世界大戦の欧州戦場を経験しなかった日本陸軍にとって初めての近代戦だった。ヨーロッパの二流陸軍として軽視していたソ連軍が、火力重視、装甲機動力の発揮、空地協同および近代的戦術・戦法によって戦ったことは、日本軍の予想をはるかにこえていた。世界的軍縮の風潮のなかで、着々と進められていた西欧列強の近代化の努力を、日本軍中央部は見て見ぬふりをし、自らの近代化には目をつむっていた。

明治四十一年、教育総監部は「戦法訓練の基本」の中で白兵重視を明確にしめし、日本陸軍の戦法は国力・軍の編組・民情・予想戦場の地形に適合する独特のものであることを強調した。

◆無形的要素が最大の戦力であることを実証した（日露戦争の）戦訓に基づき、特に軍人精神の練磨向上を期すべきこと。

◆将来も依然予想される日本陸軍の物力不足に応ずるため、特に軍隊の精練が必要である。

◆当分の間歩兵中心主義に徹する。

◆歩兵戦闘の主眼は攻撃精神に立脚する白兵戦にあり、射撃は敵に近接する一手段たるべき主意を明確にする。

以上の四項目が日本陸軍の将来向かうべき方向であるとした。（この項は金子常規著『兵器と戦術の世界史』を参照した）

ノモンハン事件の手痛い敗北は白兵主義を見直すラストチャンスだったが、陸軍当局はこれを無視し、火力を軽視した白兵銃剣突撃主義は太平洋戦争末期まで変わらなかった。軍人精神の練磨、軍隊の精練、歩兵中心の白兵戦など一度決めたことはやがて金科玉条という聖域となり、抜本的改革に手をつけられないという日本的官僚システムの好例であり、この体質は今日においても変わらない。

陸上自衛隊の戦闘力の認識は冷戦時と変わらず

第二次世界大戦後に発足した陸上自衛隊は、米陸軍歩兵師団の編成、装備、野外マニュアルからスタートした。翻訳教範『作戦原則』から自前の『野外令』に移行する際、部内で米軍方式か日本独自の方式かという論争があり、結果として米軍方式をいかしながら『作戦要務令』の一部をとりいれるという日米折衷(せっちゅう)案となった。

本条（第一二三）は、戦闘力の考察にあたり、ややもすれば単に静的状態での数量的比較、たとえば火力指数あるいは人員数のみをもって彼我の優劣を判定する傾向にある時弊にかんがみ新設されたものであり、戦闘力の構成の要素及び考察にあたり考慮すべき要件を明らかにされたものである。（『令1解説』）

戦闘力は有形・無形の各種要素から成り、とくに「機動力」、「火力」、「防護力」が戦闘力の重要な要素となっている。

戦闘力を直接敵に対して行使する手段（火力、機動力）が有形的戦闘力、指揮官の指揮・統御、部隊の士気・規律・団結など戦闘力の基盤としての価値を有するものが無形的戦闘力である。

「機動」とは、敵に対して有利な態勢をしめ、戦闘力を発揮するために部隊が移動すること。機動により態勢の優越、戦闘力の集中・分散、先制の獲得、奇襲などが達成できる。機動には戦略機動(戦略展開、作戦展開)、と戦術機動(接敵機動、戦場機動)がある。

「火力」には、敵を直接殺傷・破壊し、敵の統制ある行動を妨害し、またわが部隊の機動を促進する機能があり、対地火力(歩兵火力、戦車火力、砲兵火力、ヘリコプター火力、航空火力、艦砲火力など)、対空火力(地対空誘導弾、対空火器など)、対海上火力(地対艦誘導弾、対舟艇・対戦車誘導弾、海上・航空火力など)に区分される。

「防護」とは、敵の火力などから部隊、施設、補給品などを保護する機能。防護の手段には、敵からの発見を回避するための偽装、隠蔽、通信電子防護があり、火力による損害を直接防ぐための掩蔽、築城、防護器資材の利用、損害を極限するための分散、陣地変換、小移動などがある。

戦闘力は、無形的要素と有形的要素に分けられる。

1　無形的要素

無形的要素とは、部隊(軍隊)を構成する個人及び団体の心身両面の能力であって、その主とするものは部隊・軍隊の精神力である。すなわち、その要素は、指揮統御の優劣、規律(軍紀)及び士気の状態、訓練の精否、団結及び協同一致の精神等である。

これらの要素の特徴は、①その威力(作用)は、一定の数量であらわされないし、実戦以外、実験的にも証明しえない。②人と状況により大きく変動する。すなわち、うまくいけば掛け算的威力を発揮するが、悪くすれば大きなマイナスとなって作用する。③有形的要素と一体不可分であって、勝敗を支配する根本要素である。④指揮官の能力は、その部隊の精神的要素の消長に至大な影響力を有する。

2　有形的要素

有形的要素とは、人の量（兵力量）の多寡及び物の量と質である。

例えば、編成装備、各種兵器の性能・威力及び数量等であって、殺傷力、破壊力、機動力等の物理的力として作用する。有形的要素は、ある程度数値を基準として認識することができ、戦闘力の基礎をなすものである。（『戦理入門』）

戦闘力をもっとも効率的に組み合わせることが「戦闘力の組織化」で、陸上自衛隊では「作戦・戦闘のための編成」といっている。

作戦・戦闘のための編成は、部隊を戦術的な機能に応ずるグループに区分し、指揮・統制、支援・協力などの関係を律して、戦術的な組織をととのえることである。

戦争と平和の境界があいまいな現代戦においては、戦闘力を構成する要素の増加・質的変化、科学技術とくに情報通信技術の飛躍的な進歩、戦場の宇宙・サイバー空間への拡大などにより、戦闘力の組織化の重要性は一段とおおきくなっている。

あとで述べるが、米陸軍は火力戦闘機能に非殺傷火力（nonlethal fires）、指揮機能封殺戦

(command and control warfare) といった新しい概念を加味している。二十一世紀の戦場を見すえたもので、模索の段階とはいえ変化への機敏な対応がうかがわれる。

陸上自衛隊は旧陸軍の［白兵戦における銃剣突撃］という教条主義を完全に否定し、戦闘団を編組して総合戦闘力を発揮するという戦い方を採用した。米陸軍のコンバット・チームで戦うという思想を受けついだ戦闘方式である。

戦闘団は普通科連隊または戦車連隊に所要の戦車または普通科（歩兵）、対舟艇対戦車、野戦特科（砲兵）、高射特科、施設科（工兵）、通信科、後方支援部隊などを配属して編組し、（普通科・戦車）連隊長が戦闘団長として戦闘団全体を指揮する。

かつて師団には甲師団（九千人）と乙師団（七千人）の二タイプがあり、二千人規模の戦闘団を四ないし三個編成した。

管区隊から師団への改編（一九六二年八月）以来、陸上自衛隊は甲・乙師団編制を維持したが、冷戦末期の戦車北転事業――内地の五個師団から各戦車一個中隊を北海道に移駐させるという事業。一九九一年三月の編成完結時には必要性がうすれ、四個戦車中隊はそれぞれの移駐先では廃編となった――によりこの前提がくずれ、内地の五個師団は戦闘団を編成できなくなった。

冷戦が終結（一九八九年十二月のマルタ会談）し、ソ連邦が崩壊（一九九一年十二月）するという国際情勢の激変があり、陸上自衛隊も戦い方はじめ編成、装備、教育訓練など抜本的な見直しが必要となったが、この現実に目をつむり、理念なきままに師団・旅団の改編・新編をかさねているのが今日の姿である。

喫緊の課題として、二十一世紀の戦略環境にふさわしい理念（どのように戦うのか、広義にはドクトリンともいえる）の再構築がもとめられている。

今日の米陸軍は戦闘力を広範多岐にとらえている

米陸軍は二〇〇八年版『OPERATIONS』で戦闘力（Combat Power）を明確に定義した。すなわち戦闘力とは、作戦展開した部隊が、任務達成に必要とされる期間、いかなる状況にも対応できる破壊力、建設力、情報力が一体となった総合力（the total means）である。陸軍部隊は潜在的能力を実効ある行動へと変換して戦闘力を造成する。

戦闘力は八つの要素から構成される。すなわち六個の戦闘機能――移動・機動、作戦情報、火力、戦闘力維持、指揮・統制、防護――に、リーダーシップとインフォメーションを加えた八個の要素である。

「リーダーシップ」は戦闘力を倍加し、各戦闘機能を統合一体化する。指揮官の自信と能力にあふれたリーダーシップは、健全な作戦思想を形成し、部隊の規律を保ち、部隊を動機づけ、すべての戦闘力要素を強固にする。有能な指揮官は成功への触媒といえる。

リーダーシップは戦闘力の最もダイナミックな要素であるがゆえに、良好なリーダーシップはすべての戦闘機能の短所をおぎなってあまりある。逆もまた真で、劣悪なリーダーシップはすべての戦闘機能の長所をだいなしにする。

「インフォメーション」——知る、知らせるに関する幅広い概念——は作戦環境における強力なツールである。現代戦では、作戦の成否を決定する死活的な活動力として、インフォメーションの重要性は一層増大している。

指揮官は、作戦に直接関連する情報に基づき、戦闘力をいかにして最大限発揮するかを決断する。指揮所や戦闘車両のディスプレイに表示される作戦図は、全兵士がそれを見るだけで現在の状況を理解できる。各級指揮官はインフォメーション・システムにより迅速な状況判断が可能になる。

インフォメーション・システムとは情報管理の物的側面をいい、情報資料を収集し、処理し、蓄積し、表示し、配布する装備および施設である。具体的にはコンピューターのハードとソフト、各種通信手段、ならびに情報の使用に関する方針・手順のことをいう。

戦闘機能とは、作戦任務を達成するため、共通の目的をもったタスクおよびシステム（人・組織・情報・プロセス）の集合体・グループをいい、移動・機動、作戦情報、火力、戦闘力維持、指揮・統制、防護の六機能がある。

「移動・機動」は、敵部隊に対して有利な態勢をしめるように部隊を動かすためのタスクおよびシステムである。

移動（movement）と機動（maneuver）のちがいは火力をともなうか否かである。前者の例は大規模なヘリボーン・空挺攻撃、攻撃発揮のための集結地への移動など。後者の例は作戦地域における部隊の展開で、火力と連携していることが特色。機動は敵を奇襲し、ショックをあたえ、衝撃力を持続するために戦闘力を集中する手段で、近接戦闘と同様に直射火力が不可欠である。

「作戦情報」は、作戦環境、敵、地形、民事考慮事項の理解を一層うながすためのタスクおよびシステムである。

これには指揮官が要求し実行を命ずるISR（情報・監視・偵察）がふくまれる。作戦情報機能は単に情報資料の収集だけではなく、あらゆる情報源から得た情報資料の分析、敵情解明のための情報活動など、継続一貫したプロセスである。

「火力」は、目標情報プロセス（収集・処理・伝達）と一体化した陸軍部隊の間接火力戦闘、統合部隊（海・空・海兵隊）の火力戦闘、指揮機能封殺戦などを統一し、調整して実行するためのタスクおよびシステムのことである。

火力機能には地上目標の決定、地上目標の探知・位置標定、火力支援の提供、火力効果の判定、非殺傷火力（nonlethal fires）を含む指揮機能封殺戦（command and control warfare）がある。

非殺傷火力は二〇〇八年版『OPERATIONS』で登場した新しい概念で、定義も具体的な内容もさだまっていない。非殺傷火力は各種非殺傷弾薬、電子戦、コンピューター・ネットワーク戦など広汎な最先端技術の応用を想定している。火力機能は、師団司令部・旅団本部の火力班（Fires Cell）が一元的ににならが、非殺傷火力をだれがどのように運用するかを模索している段階である。

指揮機能封殺戦は、物理的な攻撃、電子戦、コンピューター・ネットワーク戦を総合一体的に運用し、敵の指揮・統制システムの機能を低下させ、破壊し、まひさせ、あるいは敵の情報活動を拒否すること。敵のあらゆる電磁波の周波数帯およびコンピューター・長距離通信ネットワークが対象で、その使用能力の低下、破壊、混乱をねらっている。

「戦闘力維持」は、部隊の行動の自由を確保し、作戦範囲を拡大し、持続性を増大するためのタスクおよびシステムである。

部隊の持続性を確保することが戦闘力維持の主要な機能で、戦闘力を維持する能力が作戦の範囲と期間を決定する。戦闘力維持は、任務が達成されるまでの間必要とされる兵站、人事サービス、健康サービス支援を提供することである。

兵站は部隊の移動および戦闘力維持を計画し実施するサイエンスで、整備、輸送、補給、野外サービス、配分、契約、技術支援全般がふくまれる。

人事サービスは、個々の兵士、福利厚生、即応性、生活の質に関連する戦闘力維持の機能で、補充業務、会計管理、法務支援、宗教支援、音楽支援がふくまれる。

健康サービス支援は、部隊および地域の衛生支援、入院治療、歯科治療、診療所サービス、戦闘ストレス患者の治療、CBRN患者の治療、患者後送、衛生資材の補給など実に広範多岐にわたっている。

「指揮・統制」は指揮権の行使、戦闘指導を支えるタスクおよびシステムである。

指揮官は任務を達成するために、指揮・統制機能を駆使してすべての戦闘機能を統合一体化する。指揮・統制機能は作戦プロセス、指揮所活動、情報活動の統合（ＩＳＲ・知識管理・情報管理など）、民事活動、空域指揮・統制の統合、指揮の実行をふくむ。

指揮・統制機能で重視されるのは作戦プロセスの終始をつうじる情報の優越で、同時に、敵の指揮・統制システムの機能を低下させ、破壊し、まひさせ、あるいは敵の情報活動を拒否するために指揮機能封殺戦をおこなう。

「防護」は、部隊（人、物、情報をふくむ）を保護して、部隊の戦闘力を最大限に発揮させるためのタスクおよびシステムである。防護には防空、対ミサイル防御、勢力の維持（補充）、情報保護、相撃回避、作戦地域の警備、対テロ、部隊の健全性、対ＣＢＲＮ、危険防止、作戦間の警戒、不発弾の処理など十二項目がふくまれる。

指揮官は、各戦闘機能が統合一体化されたコンバインド・アームズ（諸兵種連合部隊）を編成して、戦闘力を最大限に発揮させる。コンバインド・アームズの編成には、戦闘のための編成（force tailoring）、任務や役割に応じた組織の編成（task organization）、部隊間の相互支援（mutual support）という三つの方式がある。

ドクトリンである「フル・スペクトラム・オペレーションズ」成功の鍵は、作戦の終始を通じて、戦闘力を造成し維持できるか否かにかかっている。

各級指揮官は、展開した部隊が能力を最大限に発揮できるようにテーラー編成するとともに、予備隊の活用、兵種のわくをこえた統合支援、部隊のローテーション、戦闘力維持のため適確な支援の実施など縦深戦力を最大限に活用する。

米陸軍も「戦闘力は評価することはできるが、数値で表わすことはできない」、「経験豊富ですぐれた指揮官が訓練精到な兵士と部隊をひきいるとき、戦闘力は決定的な効果を発揮する」という認識をもっている。有形戦力だけでなく、指揮官の指揮・統御、訓練精到といった無形戦力も至当に評価している。

状況判断——米陸軍旅団戦闘チームの例

作戦プロセスと状況判断プロセス

作戦の終始をつうじ、指揮官は、幕僚の補佐をうけ、多種多様な手順・手続と各種業務を統合して、司令部（本部）内および関係するすべての部隊を任務遂行へと方向づける。これら全体のわくぐみを「作戦プロセス」という。

作戦プロセスとは、作戦間に実施される主要な指揮活動——計画策定、作戦準備、作戦実施および継続的な作戦評価——のことをいう。この作戦プロセスを回転させる原動力が指揮官のリーダーシップである。作戦プロセスの各業務は必ずしも順序だっておこなわれるものではなく、部分的に重複し、また状況に応じてくり返される。ただし、作戦開始しょっぱなの段階では、プロセスどおりに実施されることが一般的。

計画策定は、状況を理解し、望ましい作戦イメージをえがき、これを達成するための効果的な手立てを講じるアートでありサイエンスである。

計画策定には概念的な面（何のために何をするか—作戦のコンセプト、指揮官の企図など）と具象的な面（それをいかに達成するか—部隊の展開、火力目標、各種統制手段など）の二つの面がある。

計画策定のおおもとになるのが「状況判断プロセス」でＭＤＭＰ（The Military Decisionmaking Process）と略称される。計画策定は最終的に作戦計画または作戦命令となり、作戦準備をへて、作戦実施へと進み、この間、常時、評価がおこなわれる。

米軍の「状況判断プロセス」は、よく知られているサイモン理論＝組織の意思決定理論と同根で、軍隊のみならず社会一般に広く適用される問題解決法でもある。

状況判断プロセスを踏むことにより、指揮官は、完璧・明快・健全な判断・論理・専門知識といったことを活かして、直面している状況を理解し、問題解決のための選択肢を見つけ、決断にいたることができる。（米陸軍野外マニュアル『ザ・オペレーションズ・プロセス』）

ノーベル経済学賞受賞者のハーバート・A・サイモンは、軍隊の「状況判断」や「情報活動」なども参考にしながら意思決定理論を組み立て、軍隊もまたサイモン理論の研究成果を積極的にとりいれた。「状況判断プロセス」は、単に軍隊の状況判断に適用されるだけのものではない。

わが国では、軍事というだけで敬遠されることが多いが、欧米では、軍隊に蓄積されているさまざまな英知がマネジメント理論や企業経営などに積極的に活かされ、広く社会一般に受け入れられている。「状況判断プロセス」などは、その最たるものである。

状況判断プロセス—MDMP

アメリカ合衆国陸軍は、MDMPおよびTLP（Troop Leading Procedures）の両者を基本的な問題解決法と位置づけている。旅団戦闘チームでは、幕僚は大隊以上に配置され、中隊以下の小部隊への配置はない。したがって、状況判断も大隊以上と中隊以下ではことなり、大隊以上をMDMP、中隊以下をTLPと明確に分けている。

MDMPはステップ1からステップ7までの七段階から成り、各ステップに危険見積（CRM：Composite Risk Management）および情報見積（IPB：Intelligence Preparation of Battlefield）を密接にからませている。

旅団戦闘チームでは、旅団本部の主指揮所において、旅団長、高級幕僚、各幕僚が一体となって状況判断をおこなう。MDMPは計画班（Plans Cell）、CRMは防護班（Protection Cell）、IPBは情報班（Intelligence Cell）がそれぞれ担当する。

セルの本来の意味は、細胞のことをいう。

旅団本部の主指揮所に計画班、作戦班、移動・機動班、情報班、地理空間情報班、火力班、防護班、戦闘力維持班、任務指揮班の各セルがあり、これらが高級幕僚——幕僚長として行動——の統制下で有機的に活動し、旅団長の指揮・統制を補佐し、その実行をになう。

計画班は計画、命令、別紙、付紙を作成し、これらの完成後は次期作戦あるいは作戦の次期段階の計画策定に着手する。当面の作戦の実施は作戦班（Current Operation Cell）が引きつぐ。計画幕僚を長とする計画班は、計画の策定、分析の実施の中心となるセルで、基本的には全幕僚セクションから支援を得て業務をおこなう。

危険見積は作戦全般の防護を網羅するプロセスで、防護班が担当する。

防護には防空、対ミサイル防御、勢力の維持（補充）、情報保護、相撃回避、作戦地域の警備、対テロ、部隊の健全性、対CBRN、危険防止、作戦間の警戒、不発弾処理など十二項目がふくまれる。リスク・マネジメントとそのプロセスを知りつくしたベテランの先任将校、作戦幕僚、または旅団上級先任曹長が防護将校に指名される。

情報班は、敵情、地形・気象、民事考慮事項などに関する情報活動を一元化し、情報見積、ISR（情報、監視、偵察）として具体化し、確定した情報を必要な指揮官、部隊、部署に配布する。

情報班は軍事情報中隊と一体の組織、旅団情報幕僚の業務統制下で、軍事情報中隊長がセル全体の活動を律する。偵察大隊、軍事情報中隊、その他旅団戦闘チーム各部隊のISRはすべてこのセル（情報班）に集約される。

状況判断プロセスの「ステップ1」は、状況判断をどのように進めるかを決定する段階。

	MDMP―状況判断プロセス The Military Decisionmaking Process
	Receipt of Mission――任務の受領
step1	・上級司令部から計画、命令、又は新しい任務として示される。 ・時間配分の決定（指揮官・幕僚 1/3、指揮下部隊 2/3） ・指揮官の当初の指針
	Mission Analysis――任務の分析
step2	・状況、問題を理解し、作戦の目的―なにを、いつ、どこで、なぜを確定する。 ・情報要求を明らかにし、計画策定の指針、準備命令の発出
	Cource of Action (COA) Development 行動方針の案出
step3	・複数の行動方針を列挙する。この際、指揮官の直接関与がのぞましい。 ・各行動方針のブリーフィングを実施。最新の情報見積、敵の可能行動などがふくまれる。
	COA Analysis (War Games) 行動方針の分析：ウォー・ゲームの実施
step4	幕僚長（高級幕僚、副指揮官）が主催し、情報幕僚が敵の指揮官、作戦幕僚が機動部隊指揮官となり、ウォー・ゲーム（図上、シミュレーション、指揮所演習）をおこなう。
	COA Comparison――行動方針の比較
step5	・各行動方針の長所、短所を明らかにし、比較要因（簡明、機動、火力、民事など）のマトリックスを設定する。 ・幕僚長が指揮官に推薦すべき最良の行動方針を決定する。
	COA Approval――行動方針の承認
step6	・指揮官が任務達成に最良と判断する行動方針を承認する。状況により推薦案の一部修正、またはやり直しもあり得る。 ・指揮官の企図を最新化し、情報要求（CCIR、EEFI）を確定する。
	Orders Production――計画・命令の作成
step7	指揮官が認定した行動方針、企図、情報要求にもとづいて各幕僚が計画、命令を作成する。

⇐ IPB（情報見積） Intelligence Preparation of Battlefield
情報見積（IPB-Intelligence Preparation of Battlefield）はMDMPの主要要素で、ステップ1以前およびプロセスの各過程間も継続的に実施し、各ステップにおいて最新の成果を指揮官・幕僚に報告・提供する。
Step1:Define the Battlefield Environment
・敵とわれの作戦に影響する戦場の特性を明らかにし、戦場地域の範囲を確定し、手持ちの情報と必要な情報のギャップを明確にし、当初の情報要求とする。
Step2:Describe the Battlefield's Effect
・戦場の環境が敵とわれの作戦におよぼす利害得失を評価して、COA と敵の可能行動案出の資とする。
Step3:Evaluate the Threat
・平時から整備されている敵の編制、運用に関する情報にもとづき、仮設定した敵がこの戦場環境でいかに編成し、作戦・戦闘をおこなうかを分析する。 ・情報幕僚（G2 ／ S2）は敵部隊指揮官として、レッド・チームをひきいて、本ステップにおけるIPBで案出した敵の可能行動（threat COAs）にもとづいて、わが行動方針（COAs）のそれぞれの案と戦闘を実施する。
Step4:Determine Threat COAs
・敵の可能行動モデル（複数）を決定する。これまでのステップにおける分析が適切におこなわれた場合にのみ、適正な決定ができる。
Execution
・これまでに仮設定した戦場環境や敵の可能行動を放棄し、新たな IPB に移行する。 ・作戦・戦闘の進捗にしたがい、継続的に IPB を実施し、指揮官の情報要求に適時的確にこたえる。

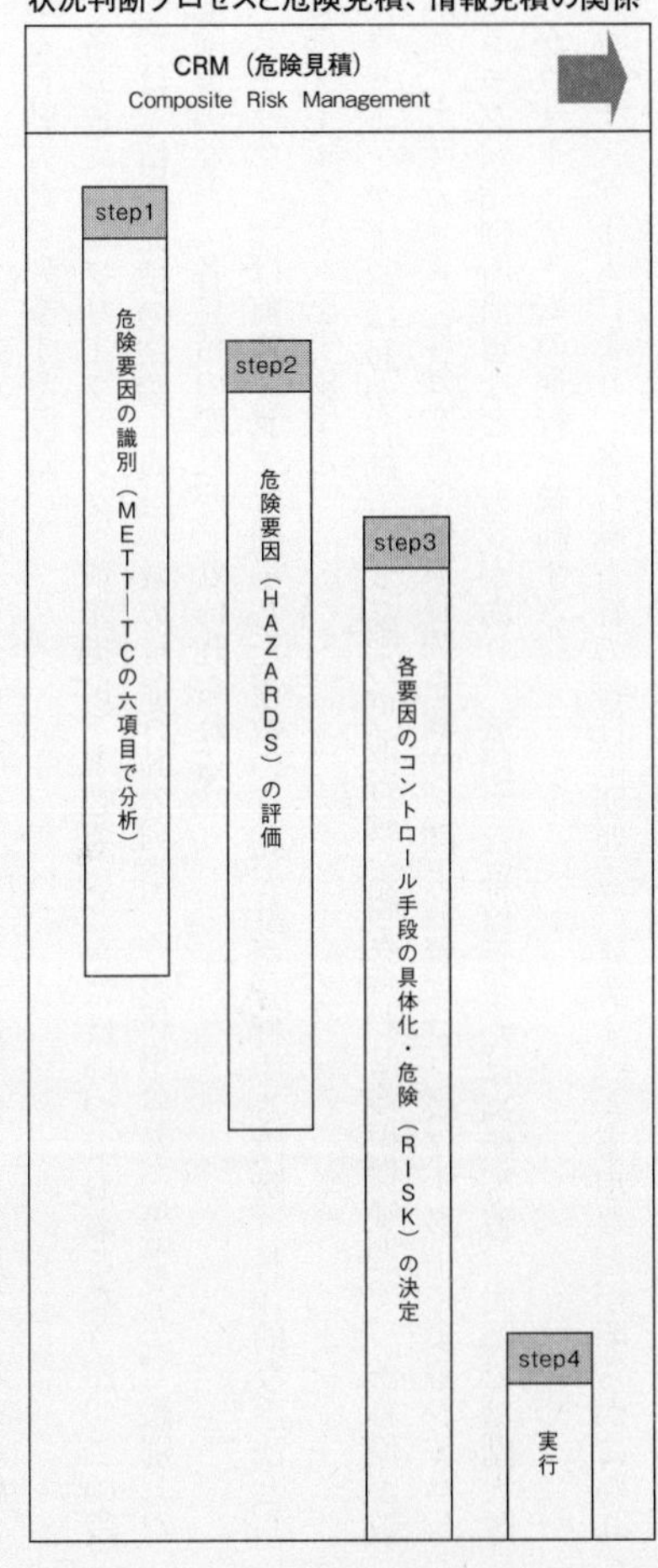
状況判断プロセスと危険見積、情報見積の関係
CRM（危険見積）
Composite Risk Management
step1
危険要因の識別（METT―TCの六項目で分析）
step2
危険要因（HAZARDS）の評価
step3
各要因のコントロール手段の具体化・危険（RISK）の決定
step4
実行

作戦開始までの時間を見きわめ、持ち時間の三分の一を旅団本部が使用し、残りの三分の二を指揮下部隊に配分する。このことを旅団長の指針でタイム・ラインとして指揮下部隊に明確にしめす。旅団は大隊に、大隊は中隊に、末端では分隊長が分隊員に命令を下達してはじめて作戦が開始される。

「ステップ2」は、作戦全体のなかにしめる旅団戦闘チームの地位・役割を考察し、作戦目的を確立し、必成目標（必ず達成しなければならない目標）を明確にする段階。

「ステップ3」は、目標を達成するための具体的な方策（行動方針）を案出し、複数の特色ある行動方針を列挙する段階。

各幕僚によるブリーフィング（情報提供）を必要なときにはいつでもおこなうが、この段階では、情報見積の結論（複数の敵の可能行動の列挙、その採用公算、危険見積）、識別した危険要因など、各見積の要点がとりいれられる。

「ステップ4」は前ステップで列挙した複数の行動方針を分析する段階。具体的な手法としてウォー・ゲームを実施する。

ウォー・ゲームはわが行動方針と敵の可能行動を組み合わせる模擬戦闘で、各幕僚が敵（赤）と味方（青）に分かれて模擬戦闘を戦う。図上演習、コンピューターによるシミュレーション、指揮所演習などの方式があり、旅団では幕僚長または高級幕僚、大隊では副大隊長がウォー・ゲームの進行を統制する。

ウォー・ゲームにより、各行動方針の特性、問題点、処置すべき事項などが明らかになり、作戦計画・命令作成の重要な資が得られる。

ウォー・ゲーム成功のためにはレッド・チームを率いる情報幕僚（S—2）が赤部隊になりきることが重要。米陸軍は、ウォー・ゲームの実施要領をマニュアルで具体的に定め、教育訓練の準拠としている。

ウォー・ゲームには、作戦と情報スタッフのみではなく、通信、広報、民事、法務、OR（オペレーションズ・リサーチ）の担当者も参加する。ORSA（Operational research/systems analysis）スタッフが定量的な分析を実施する。

「ステップ5」では、各行動方針の優劣、長所短所を比較して、幕僚長（高級幕僚）が指揮官に推薦すべき最良の行動方針を決定。ここまでの各ステップは各セルがおこなう幕僚作業で、作業結果を幕僚長（高級幕僚）が指揮官に報告する。この間、危険見積の結果が、各行動方針にとりいれられる。

「ステップ6」で、指揮官が行動方針を承認し、あるいは状況により（指揮官の意図と合致しない場合）修正、やり直しを命ずる。

「ステップ7」で作戦計画・作戦命令を具体化する。この段階までが旅団本部の持ち時間三分の一で、以降、指揮下部隊の時間となる。この間に、準備命令（Warning Order）を数回発出する。

危険見積—CRM

危険見積は、隊員を死亡・負傷させ、装備を損傷・破壊し、結果として部隊の任務達成に影響をおよぼすようなあらゆる危険要因（hazards）を識別し、危険（risk）を軽減するためにおこない、状況判断プロセスの重要な部分をになっている。

危険要因とは、兵員の負傷、病気、死亡、装備や財産の破壊・亡失など、結果的に任務遂行に大きな影響をおよぼすものをいう。これらは戦闘間、安定化作戦間、支援間、訓練間、駐屯地における行動間、勤務時間の内外などあらゆる環境に存在している。

危険見積は5ステップのプロセスから成り、状況判断プロセスの各ステップに切れ目なくとりいれられる。

図は状況判断の最初のステップで発出されるヘリボーン作戦準備命令別紙オーバーレイ。本文にリスク・ガイダンスとして危険要因とコントロール（対策）を具体的に記述し、別紙としてオーバーレイを添付する。準備命令はヘリボーン実行部隊に伝えられ、部隊は危険要因とコントロールを承知し、対応策を準備して作戦にのぞむ。

「ステップ1」は、METT―TC（※具体的な内容を後述）の六要素で危険要因を識別し、危険レベル（極高―E、高―H、中―M、低―L）を検討し、コントロール（対策）を関係部隊と調整する段階。最初に発出される準備命令の中に、重要項目として危険要因とコントロールを記述する。

「ステップ2」は、危険が発生する確率を評価し、判定し、危険レベルの格付けを決定する段階。この段階では、数学やマトリックスより、技術的な知識の積み上げ、作戦・戦闘参加

準備命令別紙オーバーレイの一例

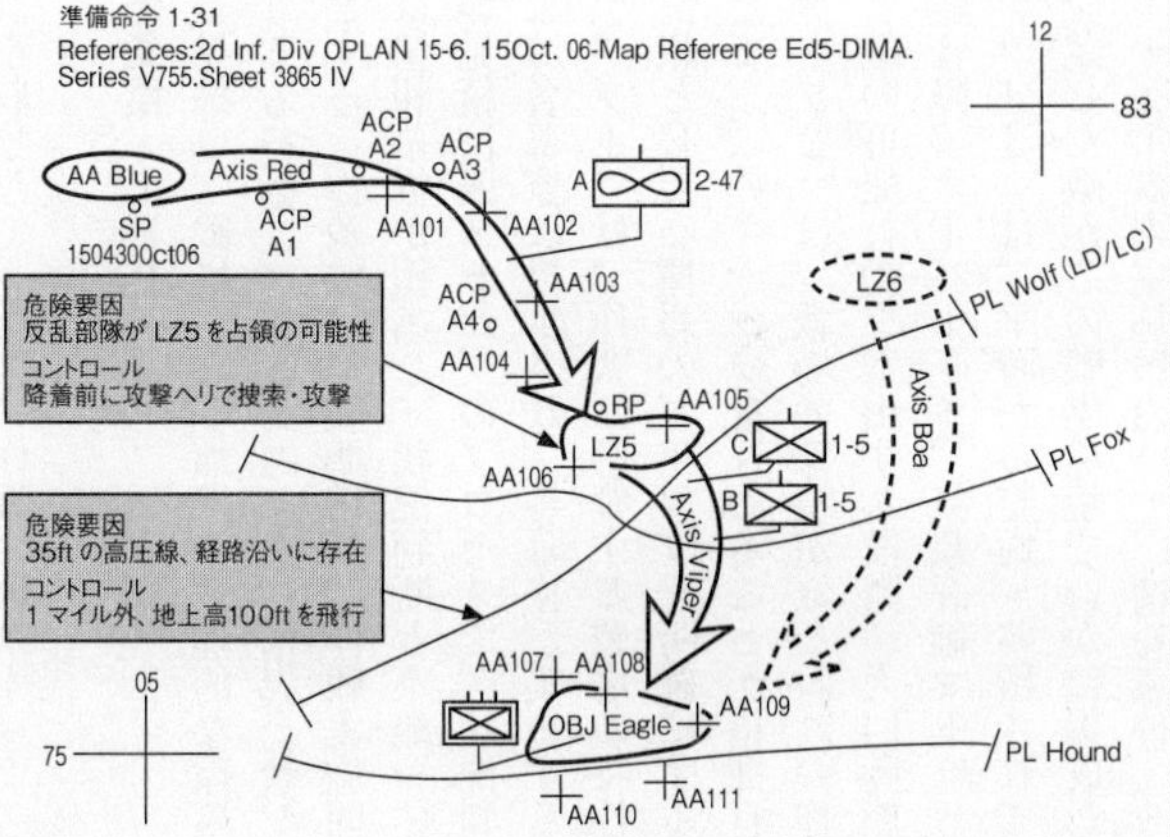
準備命令 1-31
References:2d Inf. Div OPLAN 15-6. 15Oct. 06-Map Reference Ed5-DIMA.
Series V755.Sheet 3865 IV
12
83
AA Blue
SP
1504300ct06
Axis Red
ACP
A1
ACP
A2
ACP
A3
AA101
AA102
A
2-47
ACP
A4
AA103
AA104
RP
AA105
LZ5
AA106
C
1-5
B
1-5
LZ6
PL Wolf (LD/LC)
Axis Boa
PL Fox
Axis Viper
危険要因
反乱部隊が LZ5 を占領の可能性
コントロール
降着前に攻撃ヘリで捜索・攻撃
危険要因
35ft の高圧線、経路沿いに存在
コントロール
1 マイル外、地上高100ft を飛行
05
75
AA107
AA108
AA109
OBJ Eagle
PL Hound
AA110
AA111

出典：FM5-19 Composite Risk Management

の経験および過去に得られた教訓・戦訓に比重がおかれる。

「ステップ3」は、前ステップで決定された危険レベルのコントロールを考察し、具体的な方法を見出し、コントロールを確定する段階。危険決定の決め手は、許容できる危険の構成要素を見極めること。危険と損失のバランスを適正にとらなければならない。

「ステップ4」は、確定されたコントロール（対策）を、明確かつ簡潔な実行命令に転換する段階。各級指揮官、リーダーは、危険のコントロールが具体的にどのように実行されるのか、部下部隊に説明する。

「ステップ5」は実行を監督し、評価する段階。作戦幕僚は、危険見積のプロセス、ワークシートなどから得られる教訓を収集して、将来の作戦にいかす。

情報見積――IPB

情報見積は、戦場となる地域の地理的な環境が敵とわが部隊におよぼす影響を考察し、敵のとりうる行動（可能行動）、その採用公算および弱点をあきらかにし、指揮官の状況判断の資とする。作戦前、作戦準備間、作戦実施間をつうじて継続的におこない、大隊以上の部隊では情報幕僚が担当し、状況判断と不離一体のもの。

情報見積は四ステップのプロセスで、状況判断の各ステップと密接に関連する。情報見積の結果は各幕僚に提供され、各幕僚が実施するそれぞれの見積の基礎となる。

「ステップ1」は、作戦に影響する戦場の特性をあきらかにし、戦場の範囲を確定し、手持ちの情報と必要な情報のギャップを明確にする段階。焦点は地形、気象、兵站施設、人口動態などで、このギャップをうめることが指揮官の当面の情報要求。

「ステップ2」は、戦場の環境が敵とわれの作戦におよぼす利害得失を評価して、わが行動方針と敵の可能行動を案出する段階。人口動態オーバーレイ、地形の戦術的評価オーバーレイ、総合障害オーバーレイ、気象評価マトリックスなどを作成。

「ステップ3」は、平時から整備・蓄積されている敵の編制、運用に関する情報にもとづき、仮に設定した敵がこの戦場環境でいかに編成し、作戦・戦闘をおこなうかを分析する段階。ウォー・ゲームの実施において、情報幕僚（S―2）は赤部隊指揮官として、レッド・チームを率いて、赤部隊になりきって参加。

ウォー・ゲームでとくに留意すべきことは、青部隊の頭・思考で赤部隊を運用してはいけないということ。S―2およびレッド・チームは、青部隊のことを熟知しているがゆえに、それらのすべてを一時的に忘れ、あくまで赤部隊のドクトリンに徹しなければならない。そうしなければ、わが行動方針の真の長所、短所の発見にたどりつかない。

「ステップ4」は、敵の可能行動（複数）を決定する段階。情報幕僚は敵の可能行動モデルを勝手に創出してはいけない。ステップ1～3の分析が適切に行なわれた場合にのみ、適正な敵の可能行動モデルが導き出されることを、情報幕僚は銘記すべきだ。

情報見積は情報幕僚だけではなく、電子戦幕僚、工兵幕僚、対情報幕僚、防空幕僚、戦闘支援・戦闘力維持支援幕僚、化学幕僚などが、それぞれの専門領域で見積をおこない、その結果が状況判断にとりいれられて統合される。

小部隊指揮手順―TLP

一九八〇年代初期、レーガン政権は、陸軍近代化を急ピッチで進めた。

米陸軍は、ドクトリンを不敗戦略の「アクティブ・ディフェンス」から、必勝戦略の「エアランド・バトル」へとシフト。ヨーロッパを想定した広大な戦場に展開する中隊の数は、NATO軍全体で千個中隊を超えると見積もられた。

アクティブ・ディフェンスの戦場では、中隊は単なる駒の一つで、上級部隊からしめされる命令の通りに動けばよかった。エアランド・バトルの戦場では、中隊は包括的な任務をあたえられ（ミッション・コマンド）、独自に状況判断し、独立的に行動し、全体の任務達成に寄与しなければならない。中隊の動きは「フットボール方式」から「サッカー方式」へと変わったのだ。

フットボールは、監督のサインどおりに全選手が行動する。攻撃のパターンがいくつもあり、パターンごとに選手個々の役割が決まっており、監督のサインにしたがって全選手が動く。選手一人ひとりはあくまで駒で、指揮官は監督一人である。

サッカーは、選手個々が指揮官である。監督は試合全般のやり方をしめすが、試合中は選手一人ひとりが自分で状況判断して行動する。ピッチでは、選手は独立的に行動し、敵味方の全体を見ながら状況判断し、主動的に行動して全体の目標達成にこうけんする。

冷戦終結後、米陸軍は二十一世紀の戦略環境に対応すべく、ドクトリンを「フル・スペクトラム・オペレーションズ」へとシフト。陸軍がになう役割は平時から全面戦争までへと拡大し、メインとなる「安定化作戦」の現場では、さまざまな要素が複雑にからみ、ROE（交戦規定）の遵守（じゅんしゅ）が不可欠で、必然的に中隊以下の小部隊への期待が高まる。

TLP（Troop Leading Procedures）の登場には、以上のような背景がある。

TLPは、中隊以下の小部隊を対象とする問題解決法である。MDMPとTLPはよく似ているが、同一ではない。図は大隊、中隊、小隊が計画策定を並行的におこなう関係をしめしている。幕僚が配置される大隊はMDMPのプロセスで、幕僚がいない中隊・小隊はTL

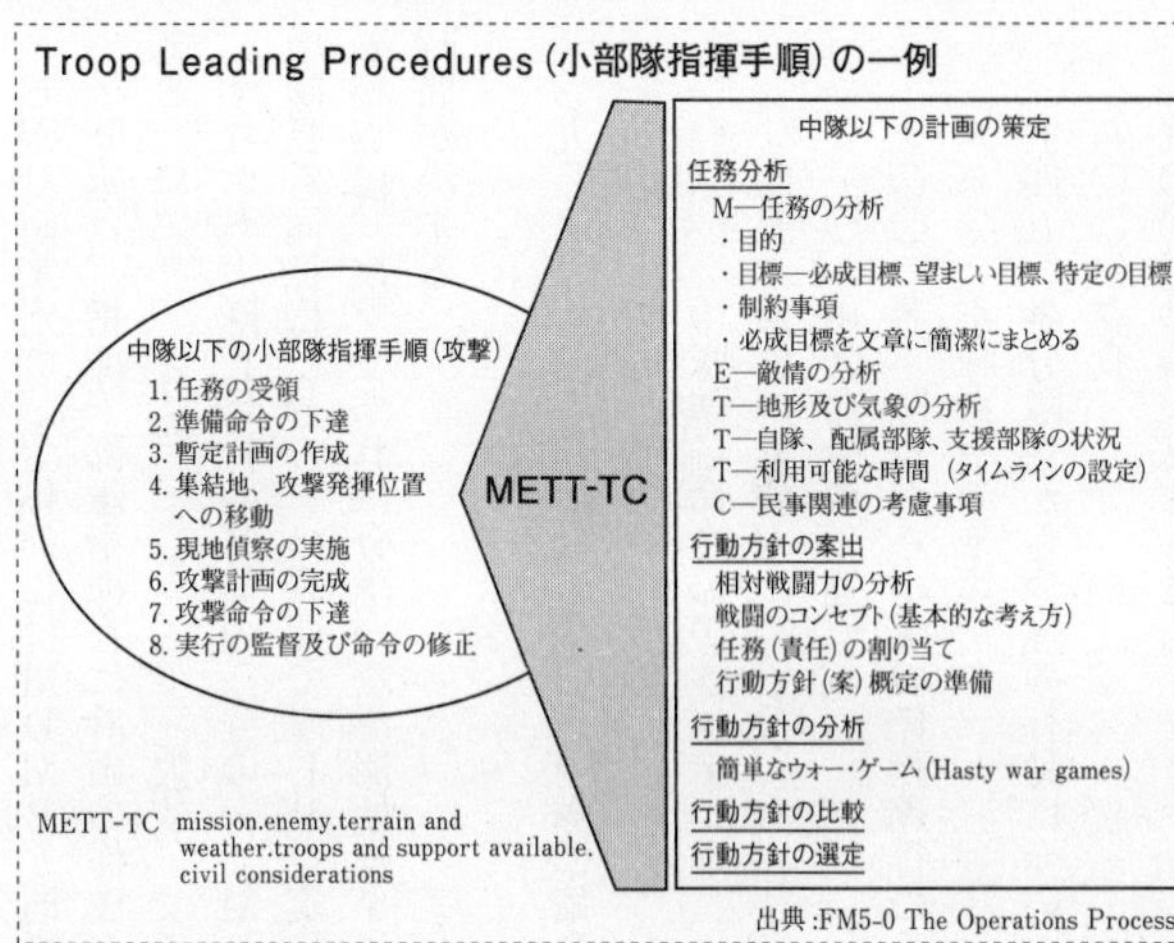

Pの指揮手順で、それぞれ計画を策定し、命令を作成する。

大隊は大隊本部の指揮所活動として状況判断を実施するが、中隊以下は部隊指揮と一体となった指揮手順となっている。

中隊以下では、たとえば集結地や攻撃発揮位置への移動、斥候の派遣などによる偵察の実施のように部隊の実行動と連携して、計画の策定がおこなわれる。大隊が発出する準備命令に、危険要因の識別、評価、コントロール、決定した危険がふくまれる。

TLPはステップ1（任務の受領）、ステップ2（準備命令の下達）、ステップ3（暫定計画の作成）、ステップ4（当初の移動）、ステップ5（偵察の実施）、ステップ6（計画の完成）、ステップ7（命令の下達）、ステップ8（実行の監督及び修正）の八段階から成り、ステップ1～2が任務分析、ステップ3

〜6が計画策定で、全体的にはMDMPと同様のステップをふんでいる。

米陸軍は、指揮下部隊指揮官に計画の作成および作戦準備のために必要とされる時間を与えるために、「三分の一ルール」、「三分の二ルール」を厳守する。

すなわち大隊長は持ち時間の三分の一でMDMPを終え、残りは中隊長にあたえられる。中隊長も同様に三分の一の時間でTLPを実施し、小隊長に三分の二を配分する。持ち時間の起点は、攻撃であれば分隊が攻撃開始線を通過する時間で、これから逆算して旅団全体の時間が決まる。

〇九〇〇　大隊準備命令の受領、中隊準備命令の発出
一〇〇〇　大隊作戦命令の受領
一〇三〇　中隊準備命令のアップデート
一〇四五　偵察の実施
一三三〇　中隊命令の下達
一五〇〇　各小隊長から小隊の任務遂行の具体的な実施要領の報告を受ける
一六三〇　小隊命令の下達
一七四五　各分隊長から分隊の行動について報告を受ける
一八〇〇　夕食
一九〇〇　砂盤（sand table or terrain model）――模擬地形で模型戦車などを動かす――

による戦闘予行を実施して認識を統一する（中隊本部）

二一〇〇　各小隊を点検し、隊容検査を実施して小隊の準備状況を確認・指導する

〇二〇〇　敵方への移動開始

〇四〇〇　集結地（Assembly Area）、又は攻撃発揮位置（Attack Position）を占領、小隊長、分隊長による現地偵察・調整

〇五三〇　現地偵察・調整の結果に基づき命令を最終的に確定又は補足する

〇六〇〇　攻撃開始

右はあくまでマニュアルに書いてある一例だが、実戦経験豊富な米陸軍らしく、きわめて現実的なタイム・スケジュールだ。なによりも大事なことは、攻撃する前に、小隊長、分隊長はもとより全兵士に現地を直接視察・確認させることである。

個人的な感想だが、陸自は創隊以来戦闘経験がなく、米陸軍のような「三分の一、三分の二ルール」もなく、訓練も実戦感覚を欠くワンパターンが多い。反省をこめて言えることは、陸自も右のようなことを教範に明記して、訓練で確実に実行させることだ。

METT—TC

幕僚の配置がない中隊長以下の小部隊指揮官・リーダーは、任務分析（ステップ1〜2）をＭＥＴＴ—ＴＣの六要素でおこなう。ＭＥＴＴ—ＴＣは、状況判断プロセスを記憶しやす

いように簡潔に表現したもので、状況判断に不可欠の要素が凝縮されている。以下中隊長のレベルに焦点を合わせる。

M（Mission）─任務の分析。二段階上位（中隊長は大隊長および旅団長）の指揮官の任務、企図、コンセプト（作戦実施の基本的な考え方）を完全に理解し、中隊として必ず達成しなければならない任務、指定された特別な任務、明示されていないが達成することが望ましい任務を考察し、最終的には中隊の任務を5W1Hで文章化する。

E（Enemy）─敵の分析。大隊の情報見積（IPB）を効果的に活用し、敵のドクトリン、編成装備、配置、兵力、能力を考察し、大隊S─2が作成した敵状況図を中隊レベルの状況図──大隊の状況図が敵の機械化小隊を表示しておれば、小隊を細分化（仮説・推測）して個々の車両まで表示する。地図も五万分の一地形図から大縮尺に変換する──へ転換し、これにもとづいて中隊長の情報要求をあきらかにする。

T（Terrain and Weather）─地形・気象の分析。上級部隊が作成した総合障害図を最大限に活用し、これをさらにこまかく分析する。

地形は「OAKOC」の五要素で分析する。これらはO（Obstacles）─障害、A（Avenues of Approach）─接近経路、K（Key Terrain）─緊要地形、O（Observation and Fields of Fire）─視界・射界、C（Cover and Concealment）─掩蔽・隠蔽である。気象は視程、風、降雨量、雲量、温度／湿度の五要素で分析する。

T（Troops and Support Available）─自隊および得られる支援の可能性。支援・協力部隊をふくむ中隊の戦闘能力を現実的かつ冷静に判断。兵士個々の士気、経験、訓練練度、部下リーダー（小隊長、分隊長など）の強み、弱みを考察し、支援してくれるあらゆる部隊とくに間接支援火力の量、種類、今後の見込みなどを視野にいれる。

T（Time Available）—タイム・ラインの設定。中隊長は中隊、小隊以下のあらゆる行動（命令の作成、戦闘予行、作戦の打ち合わせ、支援火力の展開、弾薬の準備など）を考慮し、三分の一・三分の二ルールを厳守、小隊長に準備の余裕をあたえる。

C（Civil Considerations）—民事考慮事項の分析。上級部隊から大隊の民事考慮事項がしめされ、中隊長はこれらのどれが中隊の任務遂行に影響があるかを考察する。一例としては避難民の移動、人道支援の要請、ROE（交戦規程）からの要求などがある。

民事考慮事項は、エアランド・バトル時代はMETT—Tだったが、フル・スペクトラム・オペレーションズのドクトリンへ転換してCが追加された。

C（民事考慮事項）は「ASCOPE」の六要素で考察する。これらはA（Areas）—行政センターなどの重要な民間地域、S（Structures）—発電所、病院、教会などの施設、C（Capabilities）—ホスト・ネーションが提供できる資源、サービスなど、O（Organizations）—NGOなど非軍事組織、施設など、P（People）—作戦地域内の市民、E（Events）—伝統行事、祭事など。

時間のない場合の状況判断プロセス

作戦・戦闘は、戦場という土俵の上で、おたがいに自由意志をもつ部隊が、相手の打倒を目指して必死に戦うのが実体。戦いは錯誤の連続で、状況の急激な変化は避けがたい。状況の急変に迅速に対応できるかいなかが、作戦・戦闘の結果に決定的に影響する。

周到な準備をしてのぞんだ作戦も、敵の動き、不測事態の生起、上級司令部による任務の変更などにより、新たな状況判断が必要になる。むしろ、これが常態であろう。米陸軍はこのよう事態を想定して、ＲＤＳＰ（the rapid decisionmaking and synchronization process）――迅速な状況判断および同時進行プロセス――をマニュアルに明記している。

時間に余裕のない場合における計画・命令を効果的に実施するためには、指揮官・幕僚がＭＤＭＰを完全マスターしていること。ＭＤＭＰの各ステップの内容を理解し、それぞれの役割を完璧にこなせるようになってはじめて、ＭＤＭＰを短縮して効果的な計画・命令が作成できる。このため、米陸軍は、各種学校の課程教育で基礎的事項を教育し、司令部・部隊本部で練成し、だれもが状況判断プロセスに習熟できるようにしている。

最適の解決策をもとめるＭＤＭＰに対して、ＲＤＳＰは、指揮官の企図、任務、コンセプトの範囲内で、タイムリーかつ有効な解決策をもとめることが特色だ。一連のプロセスをていねいにふむことより迅速さが重視される。各ステップの大部分は、文章を紙に書くことより頭のなかでおこなわれる。ＲＤＳＰは、指揮官・リーダーの戦術状況を理解する経験と直観力におうところが多い。

ＲＤＳＰにおいて、計画・命令策定までの時間を短縮するテクニックとして、次の五項目をとくに重視している。

1　指揮官はなすべきことが多くあり、RDSPの全ステップを幕僚と一緒に作業することは困難であるが、指揮官の関与する場面が多くなればなるほど、幕僚の作業は早く進み、全ステップに要する時間を短縮できる。

2　列挙するわが行動方針（COA）の数を制限すれば、ウォー・ゲームの時間が短縮できる。極端に時間が少ない場合、COAを一つに精選することもあり得る。

3　計画策定を、出来得る限り指揮下部隊と並行しておこなうことにより、全体の時間が短縮できる。準備命令は、通常、文書で発出するが、これを口頭で出せば、通常の場合よりおよそ一時間は短縮できる。IPB（情報見積）もふくめて、とくに上級司令部から指揮下部隊までの情報共有が重要。

4　上級司令部および隷下部隊と、また主指揮所の各セルが、リアル・タイムで共同作業すれば、時間は大幅に短縮できる。デジタル機器、ネットワークを最大限活用することにより、敵状況図、障害図、作戦図などもリアル・タイムで共有できる。

5　連絡将校（LO：Liaison Officer）を上級司令部に派遣して、常に最新の情報を直接収集し、継続的に連絡・報告させる。

フル・スペクトラム・オペレーションズの世界では、大隊長以上の上級指揮官のみならず、中隊長から小隊長、班長、分隊長、組長にいたるまでの小部隊指揮官・リーダーも状況判断することが不可欠。

このため、米陸軍は、部下部隊指揮官・リーダーに自主裁量の余地をあたえる任務指揮（mission command）を重視。任務指揮は、任務命令（mission order）にもとづく分権すなわち権限の委任が前提。米海兵隊では任務戦術（mission tactics）という。

任務指揮が成り立つためには、上級指揮官は企図を明確にしめし、部下指揮官・リーダーの主動性の発揮をうながし、任務命令を付与し、必要な資源（人員、部隊、補給・サービス、装備、ネットワーク、情報、時間）を配分しなければならない。

小部隊指揮官・リーダーはTLPをマスターし、みずから状況判断し、決断し、自主積極的に任務を遂行。分隊長など下士官も、状況判断のバックグラウンドとして、コンバインド・アームズ戦術の基礎を習得しなければならない。

おわりに、状況判断の日米差についてひとこと。

米陸軍と陸上自衛隊の状況判断は、外形的にはおなじように見えるが、内実は微妙にことなっている。名は実をあらわすというが、状況判断プロセス（米陸軍『OPERATIONS』）と状況判断の思考過程（陸自『野外令』）というネーミングに、両者のちがいが端的にあらわれている。

日本式の状況判断（※旧軍の状況判断）は「敵に対し主動の地位」に立つ戦機に投じた決心が求められた。いわば客観性よりも、必要性を重視した演繹的思考法である。ただし、これは相当な修練を積まなければ主観的、直観的な決心に陥る嫌いがあった。

これに対し、米式の状況判断は、指揮幕僚活動に一定のフォームを適用するものであり、指揮官が示した「指針」に基づいて幕僚に見積もりを提出させ、その成果を総合的に判断して決心するものであり、いわば実行の可能性を重視した帰納法的な思考法といえる。この方式は指揮官と幕僚が同一の思考過程を踏み、より客観的、合理的判断が追求された。（葛原和三氏「朝鮮戦争と警察予備隊――米極東軍が日本の防衛力形成に及ぼした影響について――」）


米陸軍の状況判断プロセスは単なる理論ではなく、行動をともなう一連の動きをいい、ウォー・ゲームなどはその典型的な例。米陸軍は幕僚長が統制して各幕僚が青・赤部隊に分かれて実際にウォー・ゲームをおこない、実施要領をマニュアルで定めている。米陸軍は状況判断プロセスを形式知にまで昇華し、だれでも参加できるようにしている。

アメリカ人は一般的に個人の独立心がつよく、一人ひとりが責任をもつチームとしての仕事になれ、米陸軍の幕僚＝スタッフも例外ではない。日本人は組織としての行動は得意だが、チームで仕事をすることは苦手のようだ。

陸自の状況判断は、細部にいたると大部分が暗黙知で、幕僚個人の資質におうところが大。

このあたりに『作戦要務令』のなごりがある。(個人的な感懐だが)陸自の場合、作戦幕僚の資質に依存する度合いがつよく、旧陸軍の体質(日本人の体質?)がすくなからず遺伝しているか……。

陸自の戦術教育では、師団レベルの状況判断の思考過程を重視、三尉以上の幹部自衛官はだれでも状況判断できるような識能を付与している。ただし、連隊・大隊の状況判断も師団の縮小コピー型で、チームとしての幕僚活動を具体的に規定していない。

〈補足〉
決断の重さは、立場により軽重はあるが、国家のトップから末端の部隊指揮官まで、指揮官個人の全人格の発露であることに変わりはない。決断の重さを追体験できる好著がある。それはロバート・ケネディの回顧録『十三日間(THIRTEEN DAYS)』(中公文庫)だ。

冷戦の最中の一九六二年十月、ソ連の支援を受けるキューバでミサイル基地建設が始まった。アメリカ軍部は攻撃を主張するが、平和を願うケネディ大統領は、敵対するソ連の指導者フルシチョフ首相との「対話」の道を探る。第三次世界大戦の危機を寸前で食い止めた二人の決断を、弟の眼で描いた記録。(中公文庫カバーの解説文)

『十三日間』と「状況判断プロセス」を重ねると、ケネディ大統領の決断をなまなましく追体験できる。地球全体をせおった大統領の決断と、部隊指揮官の決断を同一視することはできないが、決断自体の重さは実感できる。

状況判断プロセスのハイライトはステップ4のウォー・ゲーム（図上演習・シミュレーション・指揮所演習）だ。ウォー・ゲームを英知を結集して真剣におこなえばおこなうほど、より現実的な作戦計画や行動命令へと結実することはまちがいない。

すでに述べたように、米陸軍旅団戦闘チームの場合、ウォー・ゲームは作戦と情報スタッフのみではなく、通信、広報、民事、法務、ＯＲ（オペレーションズ・リサーチ）の担当者も参加する。すなわち、旅団本部の総力をあげておこなうのだ。

次元はことなるが、昭和十六（一九四一）年八月、内閣直轄の総力戦研究所において、軍・官・民から選ばれた三十五人のエリート研究生が模擬内閣を構成し、「日米開戦」をテーマとして「机上演習（シミュレーション）」をかさね、日本必敗という結論を出した。猪瀬直樹著『昭和16年夏の敗戦』（中公文庫）は、この知られざるエピソードを、当事者への取材をもとに詳述している。

緒戦、奇襲攻撃で勝利するが、国力の差から劣勢となり敗戦に至る……。日米開戦直前の夏、総力戦研究所のエリートたちがシミュレーションを重ねて出した戦争の経緯は、実際とほぼ同じだった！（中公文庫カバーの解説文）

模擬内閣がおこなった机上演習の結論は、当時の近衛文麿内閣に報告されるも「机上の空論」として無視された。陸軍大臣で二ヵ月後に首相となる東条英機大将が、「机上演習の経過を口外するな」、とクギをさしたというエピソードがある。

総力戦研究所の秘話は、英知を結集すれば相当正確な見通しが立つということを証明している。であるが、ウォー・ゲームがいかに有効であれ、その結果が指揮官の状況判断にいかされなければ何らの価値も生じない。エリートたちがおこった机上演習はそのことを如実に語っている。

情報

情報要求

情報活動は、「オレはこれが知りたい、この情報が欲しい」という指揮官の明確な情報要求からスタートする。情報は指揮官の意志にもとづいて主動的に集めるものなのだ。

情報要求は「情報主要素」と「その他の情報要求」に区分され、情報主要素の精選による情報活動の重点形成を重視する。情報主要素はもっとも優先度の高い情報要求で、これを明らかにすることにより、収集努力の焦点が明確になる。

陸上自衛隊はEEI（エッセンシャル・エレメント・オブ・インフォメーション）、米陸軍はCCIR（コマンダーズ・クリティカル・インフォメーション・リクァイアメント）と情報主要素を表記するが、いずれも指揮官の状況判断に直接影響するもっとも重要なものであることは共通している。

米陸軍は、戦闘力の項で述べたように、「作戦情報」を六個戦闘機能の一つと位置づけ、軍事情報部隊（ＭＩ）のみならずあらゆる部隊が「作戦情報」の機能を持ち、すべての兵士が情報資料の収集者であるという認識だ。

収集された情報資料（information）を処理したものを情報（intelligence）というが、情報は指揮官が適時適切に使用してはじめて価値を生ずる。日本語の「情報」はインフォメーション、インテリジェンスの両者をふくむが、厳密にいえば、処理以前のものをインフォメーション、処理以後のものがインテリジェンスである。

日本型組織における「情報」の認識

第六十九　情報勤務ノ目的ハ敵情、地形、気象等ニ関スル諸情報ヲ収集、審査シテ、指揮官ノ決心及指揮ニ必要ナル資料ヲ得ルニに在リ。

第七十　情報勤務ハ其ノ重点ヲ確立シ、脈絡一貫セル組織ニ依リ始メテ能ク目的ヲ達成シ得ルモノトス。故ニ高級指揮官ハ情報勤務規定ヲ定メ、且作戦ノ進捗（しんちょく）ニ伴ヒ適時之ヲを補修シ、全般ノ勤務ヲ統制スルヲ要ス。（『作戦要務令』第三篇通則）

次いで［情報収集ノ主要ナル手段ハ捜索及諜報勤務トス］、［収集セル情報ハ的確ナル審査ニヨリ其ノ真否、価値等ヲ決定スルヲ要ス］、［審査セル情報ハ通常直チニ報告、通報シテ以テ関係指揮官ノ利用又ハ情報審査ニ資スルヲ要ス］など、収集、審査、利用について言及している。

旧日本陸軍の情報勤務に関する認識は、陸自の情報業務の運営（収集努力の指向、情報資料の収集、情報資料の処理および情報の使用）、米陸軍の情報プロセス（後述）と大きなちがいはない。とはいえ、旧陸軍の情報軽視ないし無視、あるいは情報を活用するという意識のうすさは戦史にも明らかなとおりである。

情報部は毎年一回、年度情勢判断というかなり分厚いものを作って、参謀総長や各部に配布していたが、堀（※第二部情報参謀、少佐）の在任中、作戦課と作戦室で同席して、個々の作戦について敵情判断を述べ、作戦に関して所要の議論を戦わせたことは一回も無かった。（『大本営情報参謀の情報戦記』堀栄三著、文春文庫）

著者は同著で、［大本営の中にもう一つの大本営奥の院があって、そこで有力参謀――作戦班には陸大軍刀組以外は入れなかった――の専断でかなりのことが行われていたように感じられてならない］と、作戦と情報が隔離していた事実を体験的に語っている。

戦時中の大本営中枢部は、「作戦第一」「情報軽視」が実体だった。旧陸軍は作戦部門のエリート意識が極端につよく、他部門をみくだし、組織で仕事をするという意識を決定的に欠いていた。

『作戦要務令』はまっとうなことを記述しているが、理論と実体の落差は大きかった。『作戦要務令』の情報の項目は、昭和十三年制定時に修正または増補された事項が多く、陸軍当局の問題意識の反映と推測される。

指揮官は「オレが知りたいのはこの情報だ」という意思を明確にしめさなくてはならない。旧陸軍の場合、『作戦要務令』の第七十がこれに相当するが、指揮官の情報要求という観点からは必ずしも明確になっていない。

二〇一一年三月十一日の東日本大震災により福島第一原発で未曾有の災厄が起き、当時の民主党政権は突発的な危機に対応する指揮能力がないことを露呈した。「現場の情報がきちんと自分のところに伝わってこない。だから自分は福島第一原発を視察し、原発の所長などから直に話を聞いて、今後の対策に役立てようと思った」と、翌十二日朝に自衛隊のヘリコプターで現地に乗り込んだ菅直人首相が語っている。

菅首相はわかっていない。「オレはこれが知りたい、この情報が欲しい」という最高指揮官のEEIを具体的にしめさなければ、必要な情報は集まらないのだ。組織を運営する資質、準備、覚悟のない人間は、最高指揮官のポストについてはいけない。

指揮官は最も指揮しやすい場所に位置することが鉄則である。最も指揮しやすい場所とは最大の情報が適時適切に集まる場所のことをいう。

指揮官は情報要求を明示し、関係機関・組織に全力をあげて情報資料を収集させ、上がってきた情報資料をスタッフが処理して、結論を指揮官に報告し、指揮官が行動方針を決断する。東日本大震災発生時の官邸（民主党政権）は指揮所のていをなしておらず、わが国にとって最大の不幸だった。

米陸軍の情報プロセス

以下米陸軍野外マニュアル『情報』（二〇〇四年版、二〇一〇年版）を参照しながら、米陸軍の「情報プロセス」の概要を紹介する。理由は、この分野は「流行」がおおく、米軍マニュアルは「流行」をいち早くとりいれているからだ。部隊レベルのイメージは「旅団戦闘チーム」とする。

情報プロセスは四つの機能——計画（Plan）、準備（Prepare）、収集（Collect）、処理（Produce）、および四つの業務——情報の知識化（Generate intelligence knowledge）、分析（Analyze）、評価（Assess）、配布（Disseminate）から成る。

情報プロセスは情報活動を説明する理論上のモデルで、実際の情報活動のわくぐみをしめすものではない。理由は、四つの機能と四つの業務が順序をへて起きるのではなく、同時並行的に実施されるのが一般的であるから。

指揮官は作戦プロセスにより作戦を構想し実行するが、情報なくしては作戦プロセス自体が成り立たない。指揮官の意図をうけて、作戦プロセスと情報プロセスの歯車が噛み合って回転し、指揮官の状況の理解、状況判断、決心へと収束する。

情報プロセスは、二〇一〇年版野外マニュアル『インテリジェンス』で「四つの機能と四つの業務」として定義されている。

情報プロセスの四機能

「計画」とは、情報要求を確定し、確定した情報要求にこたえるため、具体的な実行手段を決定する一連の活動のことをいう。

情報要求が確定されると、ＩＳＲ（情報・監視・偵察）計画が具体化される。この段階では情報見積（※前項「旅団戦闘チームの状況判断」で詳述）、情報通信網の確立、ＩＳＲ計画の策定、すでに報告されている情報資料の評価などをおこなう。

「準備」とは、作戦命令、作戦計画、準備命令または指揮官の企図の受領と同時に開始される、関係幕僚や各級指揮官が実際におこなう各種活動のことをいう。

これらには必要な調整の実施、情報機構の立ち上げおよびテスト（ハード、ソフトフェア、通信、ネットワークなど技術的事項）、関係部隊・組織の能力を一体化・効率化するための共同作業、報告手順の確立、情報見積の実施、ブリーフィングの実施など多岐にわたる。

「収集」とは、ＩＳＲ任務にもとづく情報資料の収集、処理、報告に関する具体的な活動のことをいい、特にタイムリーかつ正確な情報資料の収集・処理・報告が不可欠。

収集された情報資料（生のデータ）をフォーマット化（フィルムの現像、画像化、外国語の翻訳、電子データの標準化など）し、これらが情報データベース、確定された情報、情報部門関係者の状況認識の基礎となる。

ＩＳＲとは、指揮官が最も必要とする情報要求にもとづき、優先順位をしぼって必要な情報資料を収集するセンサー、部隊、組織、装置などによる実行動のこと。

ストライカー旅団戦闘チームでは、偵察大隊、軍事情報中隊がＩＳＲの専門部隊だが、歩兵大隊の偵察小隊、野砲大隊のレーダーなどもこの機能をになっている。

偵察大隊は、旅団長の〝耳目〟となる部隊だ。大隊本部および本部管理中隊、三個偵察中隊、監視中隊の合計五個中隊から成る情報収集専門のコンバインド・アームズ部隊（騎兵、歩兵、軍事情報、化学などの部隊・要員）だ。偵察大隊は機動力にすぐれ、各種センサー・電子機器を装備し、作戦地域全体の空中および地上で情報資料を収集する。

軍事情報中隊は本部班、ＩＳＲ統合小隊、ＩＳＲ評価小隊、戦術ヒューミント小隊で構成。ＩＳＲ統合小隊およびＩＳＲ評価小隊は、旅団本部の情報幕僚（Ｓ―２）の業務統制下でそれぞれの業務を遂行する。戦術ヒューミント小隊は、尋問・聴取・情報提供者・取得文書などからの情報資料の収集および対情報活動をおこなう。

「処理（プロデュース）」とは、単一または多数の情報資料源から各種手段により新たに収集された情報資料、すでに評価・判定を終えている情報資料（インフォメーション）、上下級部隊・組織、非軍事機関から得られた既存の情報資料・情報などを総合的に判断して、

「情報」（インテリジェンス）という指揮官の状況判断に直接影響をあたえるものに精製することをいう。

◆「情報」は指揮官の情報要求に応え、適時性、適切性、正確性、予報性、使用の利便性を満たすものでなければならない。

◆「情報」は、指揮官・幕僚の状況判断に使用され、かつ指揮官・幕僚の情勢の理解を促進するものでなければならない。

◆「情報」は時間に間に合うこと、すなわちタイムリーが何よりも重要である。完全性より拙速が重視されるゆえんである。

情報プロセスの四業務

「情報の知識化」は早期から実施し、作戦プロセスの終始をつうじておこなう。目的は、情報幕僚に対して作戦実施に必要な作戦環境に関連する知識を提供することで、これらが情報見積や任務分析の基礎となる。

知識化された重要な情報は、当初のデータ・ファイルとなり、任務分析に使用され、情報調査（必要な情報資料、情報の欠落の判定、ＩＳＲの収集能力の分析、状況の変化への対応手段など）のもととなる。

「分析」は情報プロセスのさまざまな段階でおこなわれる。情報業務にたずさわるあらゆるレベルの情報幕僚は、情報、情報資料、解決すべき諸問題を分析し、問題点を解決し、指揮官の情報要求とくに優先度の高い情報要求にこたえる。

情報幕僚は敵の能力、友軍の脆弱性、戦場環境に関する情報および情報資料を分析。同時に、情報プロセス自体の中で明らかになった解決すべき諸問題を分析して、情報・情報資料の根源的な意味、情報の出所ならびに相互関係を判定。

「評価」とは、決心・調整のために、作戦プロセスの計画、準備、実施の各段階をとおして、現況、作戦の進捗状況および作戦成功の度合いを継続的にモニターすることで、情報プロセスのあらゆる側面において欠くことのできない役割だ。

タイムリーかつ正確な情報の「配布」は、作戦成功の鍵をにぎる。

指揮官は、状況判断のため、戦闘情報および確定された情報を、時間内にかつ適切なフォーマットで入手する。同時に、すべての部隊指揮官が、あらゆる情報源から得られた最新の情報資料・情報を共有することは、状況の正確な理解のために不可欠である。

情報の配布は、指揮系（無線通信網、テレビ会議、機動統制システムなど）、幕僚系（情報系無線、幕僚会同、電話、テレビ会議、陸軍指揮システムの特定部門など）、技術系（火力系、技術支援系、情報・ISR系など）の各チャンネルをつうじておこなう。

軍事情報の分野

「公開情報」──OSINT（オシント）（Open-Source Intelligence）は公的メディア（発表・声明、ドキュメント、公共放送）、インターネット・サイトなどで広く一般に公開される情報。

厳密にいえば情報資料で、軍事情報とは別のカテゴリーにはいる。公開情報を再整理すれば秘密情報の九八パーセントは得られる（『インテリジェンス　武器なき戦争』手嶋龍一・佐藤優共著、幻冬舎新書）といわれ、戦略情報など上位の情報部門では欠くことのできない情報源となっている。

公開情報が戦場でそのまま利用できることはほとんどないが、平時からつみあげた脅威対象国のドクトリン、編成、装備、運用、戦術・戦法などは、状況判断開始当初の基礎資料となる。この基盤の上に、情報プロセスを回転させて指揮官の情報要求に合致した「情報」を精製し、情報の優越を獲得することができる。

以下、作戦・戦闘レベルの軍事情報に焦点を合わせて述べる。

「人的情報」―HUMINT（Human Intelligence）は、脅威対象国の部隊区分、企図、編成、兵力、配置、戦術、装備、兵員および能力を明らかにするため、専門の情報要員（ヒューミント・チーム）が、人・マルチメディアから収集する情報資料。人間を収集の道具・手段として、直接的・間接的に情報資料を収集し、指揮官の情報要求にこたえる。

師団では、軍事情報大隊が無人機システム、通信・電子情報、ヒューミントにより敵、気象・地形、民事に関する情報資料の収集および対情報活動をおこなう。旅団戦闘チームでは、戦術ヒューミント小隊が尋問・聴取・情報提供者・取得文書などからの情報資料の収集および対情報活動をおこなう。

※国家の進路を左右するような情報――昭和十六（一九四一）年夏、ゾルゲは日本は「北

進」せず「南進」するという情報をモスクワに送った——は、人を介して入手され、ヒューミントはハイレベルのインテリジェンスの世界で使用されることが多い。

※湾岸戦争時における在イラン日本大使館の情報活動——イランは参戦せず——などもこの分野である（『手嶋龍一著『外交敗戦』による）。戦争と平和の境界が分明でない今日の作戦環境にかんがみ、ヒューミント（人的情報）は有力かつ不可欠な情報収集の一手段で、軍事情報（ＭＩ）部隊がこれをになっている。

「画像情報」—ＩＭＩＮＴ（イミント）（Imagery Intelligence）は、光学写真機、赤外線、レーザー、多スペクトルカメラ、レーダーなどにより収集され、画像化された情報。

各センサーは、対象物をフィルム、電子ディスプレイ器材、その他のメディアに、視覚的に、電子的にまたはデジタル化して再現する。

監視中隊の無人機小隊は、小型無人機——赤外線カメラを搭載、地上のラップトップ・コンピューターで操作、飛行距離十キロメートル、飛行時間八十分——を運用して旅団作戦地域の空中偵察をおこなう。赤外線カメラで撮影された画像情報は、ネットワークをつうじてリアル・タイムで旅団本部に報告される。

偵察中隊の斥候小隊が装備しているＬＲＡＳ３は、サーマル・イメージャーの遠距離監視システムで、ＧＰＳにより目標の位置と自己位置を正確に測定。十キロメートルの遠方目標を六十メートル以内の誤差で標定し、ＦＢＣＢ２（旅団以下の戦闘指揮システム）を介して目標情報の報告、火力要求、状況の確認などをおこなう。

テレビはイミントの最たるもので、宇宙ステーションの活動や地球上のあらゆる場所での出来事は、通信情報機器とネットワークを介してリアル・タイムで茶の間に流れてくる。

　膨大なデータをインターネット——今日ではもはや一般的な情報インフラとなっている——で検索すれば、もとめている情報資料がパソコンのディスプレイに瞬時に表示される。今日の戦場環境はかぎりなくこの状態になりつつある。

「信号情報」——ＳＩＧＩＮＴ《シジント》（Signal Intelligence）は、通信（コミント）、電磁波（エリント）、外国の機器が発する信号（フィジント）などを傍受することにより得られる情報。

監視中隊の地上センサー小隊は、Prophet《プロフェト》——二十四時間・全天候で地上の敵を探知・傍受・標定し、リアル・タイムで報告する通信情報センサー——および各種無人地上センサーを運用して地上監視・電子偵察をおこなう。

※一九八三年九月一日、大韓航空のジャンボ機がサハリンのモネロン島沖上空で、ソ連軍戦闘機により撃墜された。稚内の陸自電波傍受機関がソ連軍機の交信を傍受しており、これがソ連軍機による大韓航空機撃墜の決め手となった。

※これはコミントの具体的な例だが、傍受内容の公表・暴露は国益を損なう面が多く、当時の政権の瑕疵《かし》だった。二〇一三年に話題となった米ＮＳＡ（国家安全保障局）による情報収集活動は典型的なシジントである。

　フィジントは、宇宙空間、地上、地下・海中にシステム設定されている、外国の実験および実用展開機器が発する信号——自動計測装置、ビーコン、応答指令信号、ビデオデータなど——から得られる技術情報資料および情報。

「技術情報」—TECHINT（Technical Intelligence）は、技術的奇襲の防止、外国の科学力・技術力の評価および敵の技術的優位を中和化するための対抗手段の開発のため、脅威対象国ならびに外国の軍事装備品、物質などに関する情報。

第一次大戦における戦車の登場、第二次大戦における原子爆弾の投下、砂漠の盾作戦における先進的暗視装置の大量使用のように、戦場で技術的奇襲を受けた場合、奇襲された側は対抗する手段がなく、必敗の運命からのがれられない。

「科学（測定・特徴）情報」—MASINT（マジント）（Measurement and Signature Intelligence）は情報収集の技術分野を対象とし、固定または移動目標を探知、追跡、識別し、あるいはその特異な性質（特徴）を説明することをいう。マジントにはレーダー情報（レーダー、電子工学、周波数）、音響情報（地球物理学）、核情報（放射線、フォールアウト）、化学・生物情報（物質）がふくまれる。

科学情報と技術情報は重複する部分があるが、端的にいえば、技術情報は装備品の部分（例えば野砲の砲弾）の分析をおこなうが、マジント（科学情報）は総合的に判断して砲弾の初速まで割り出す。

マジントが情報の分類として承認されたのは一九八六年である。

たとえば、従来の信号情報では地下に隠・掩蔽された施設、埋設された地雷が何であるか判定できなかったが、画像情報、信号情報など多方面の情報を総合的に分析することにより、地下施設、地雷の実態を明らかにすることができる。

マジントは戦略的な分野から戦術的な分野まで幅広いが、戦術的には戦場における指揮官の情報要求に応えようとする意欲的なこころみである。

監視中隊のNBC偵察小隊は、ストライカーCBRN偵察車を三両装備し、NBC偵察により敵の核・化学・生物兵器の使用（放射線の測定、物質の検知など）を判定し、汚染地域（フォールアウトなど）を確定する。

「地理空間情報」―GEOINT（Geospatial Intelligence）は、地球上の物理的特徴や地理学的活動を説明し、評価し、視覚的に描写するため、画像および空間情報資料を解析し分析すること。

地理空間情報は、画像、画像情報および空間情報資料から成る。

画像は、宇宙基地の国家情報偵察システム、衛星、航空機、無人機などから得られる画像、データなど。空間情報資料は、リモート・センサー、地図作製システム、監視システム、測量データなどから得られる地球上の自然物・人工物の地理的位置、特性など。

地理空間情報は二〇一〇年版野外マニュアル『インテリジェンス』で初めて登場した。

情報の使用者は、国家レベルから戦術レベルに至るまでの概念で、連邦地理空間情報局（National Geospatial-Intelligence Agency）が全体を統制する。わが国では、平成二十七年度の防衛予算に調査研究費が計上されている段階。

旅団戦闘チームでは、地理空間情報班――地理空間エンジニアの支援を受けた画像分析要員で構成――が作戦環境の物的環境やインフラストラクチャーの完全な画像を指揮官に提供。地理空間情報は、作戦実施の最も重要なツールである作戦図に集約される。

軍事情報部隊は画像・画像情報を提供し、地理空間工兵部隊がデータ・情報資料を提供するとともに地理空間情報を処理し、データベースを維持管理する。戦術レベルにおける地理空間情報は未知の分野が多く、具体的な内容は不明だが、先端技術の進歩によりこの分野が大きな可能性を秘めている。

余話として―C4ISR

少しばかり寄り道をしてみよう。

C4ISRとは「指揮・統制・通信・コンピューター・情報・監視・偵察」の一体化を象徴する略語である。別の表現をすれば、指揮と情報の一元化ともいえよう。テクノロジーの驚異的な進歩がもたらせた結果で、この傾向は今後一層強まるだろう。

C4ISRを部隊として実現したのが、二十一世紀型部隊の米陸軍「ストライカー旅団戦闘チーム（SBCT）」であり、システム兵器として実現したのが、九・一一以降の対テロ戦争の現場に登場した武装無人機「プレデター（PREDATOR）」だ。

SBCTは完全デジタル化・軽装甲・自動車化の歩兵旅団。二〇〇九年版『旅団戦闘チームの編成・装備』（米陸軍歩兵学校編纂）によれば、兵員四千二百二十四人、十タイプのストライカー装甲装輪戦闘車両三百十一両、各種装輪車両六百六十五両を装備、大佐の旅団長が指揮をとる。

　SBCTの指揮・統制の根幹はネットワークだ。SBCTの全装備車両の七十パーセント以上がFBCB2（旅団以下戦闘指揮システム）――コンピューター、GPS、無線通信システムが一体となったハイテク端末――を搭載している。

　FBCB2は、移動間にリアル・タイムで、各種情報を各部隊、各級指揮官、兵士個人にまで、友軍の正確な位置、友軍と敵の最新の状況および予想される戦況の推移を部隊符号・記号などの図形として、また命令・計画などを文章や作戦図として提供する。

　SBCTのネットワーク・システムは陸軍戦闘指揮システム（ABCS：Army Battle Command System）と連接。ABCSは地球全面をカバーする各種衛星――地球測位衛星（GPS）、偵察衛星、通信衛星、航法衛星、気象衛星など――とつながっている。

　SBCTは世界のいかなる場所へも戦略展開でき、現場に到着すると同時に、各端末のスイッチをオンにすれば、SBCTはデジタル部隊としての機能発揮が即可能となる。米軍が地球全面に構築したインフラストラクチャーがこのことを可能にした。

　ここで問題にしたいのは、まさにC4ISRとミサイルが一体となった「プレデター」と呼ばれる武装無人機だ。

　技術的な革命にしろ政治的な革命にしろ、革命と呼ばれるものの多くと同じように、無人機革命の歴史にも血によって書かれた部分がある。そして、無人機を使ってターゲットを殺害するという方法は、道義的にも法的にも、さらには実践上でも深刻な問題を提起した。無人機のこのような使用が始まって一年ほど経ってから、武装プレデターの存在とその能力は次第に世間一般に知られるようになった。(リチャード・ウィッテル著、赤根洋子訳『無人暗殺機ドローンの誕生』)

武装プレデターは、熱感知赤外線センサー、レーザー照準器、射ちっぱなし方式の対戦車誘導ミサイル「ヘルファイア」を搭載した革命的な無人機。地上誘導ステーションから、センサー・オペレーターがサーマル・イメージャーで目標を捜索・発見し、(実際の空軍)パイロットが目標にレーザーを照射し、ミサイルを発射する。

二〇〇一年十月七日、ブッシュ大統領が九・一一の報復のため「不朽の自由作戦」開始を宣言した。この日、武装プレデターがアフガニスタンで初めて使用された。

武装プレデターは、ウズベキスタンの軍用飛行場から離陸してアフガニスタン上空へ侵入、これを地球の裏側にあるCIA本部――首都ワシントンに隣接、ポトマック川のバージニア州側――構内の地上誘導ステーション(トレーラーハウス内に設置されていた)から管制して、目標のタリバン幹部を攻撃(暗殺)した。

このあたりの事情は、二〇一五年二月に出版された『無人暗殺機ドローンの誕生』に詳しいので、関心ある読者には一読をお勧めする。著者のリチャード・ウィッテルは、無人機という新技術は定着する、無人機に対する対処方法を社会は見つけ出さなければならない、と無人機革命に関して言えることはこの二つだ結論している。

兵站――補給幹線

補給幹線は戦闘力維持・増進の生命線

大規模な災害が発生すると、スーパーやコンビニの棚からいっせいに商品がなくなる。商品そのものはどこかにあるのだが、スーパーやコンビニへとどかないのだ。

平穏無事な日常では、商品は配送センターに集まり、配送センターで保管・管理・仕分けをおこない、必要な商品を適時に各店舗に配送する。災害などで店舗の棚がからっぽになるのは、配送センターから店舗にいたる道路――この道路が補給幹線に相当――が何らかの理由で途絶し、物流がストップしてしまうからである。

補給幹線（MSR：Main Supply Route）は補給の幹線となる輸送路線で、いかなる状況においても、あらゆる努力を傾注して輸送を確保しなければならない。

陸上自衛隊の師団では、師団段列地域から連・大隊段列地域まで一本または複数の道路をMSRとして指定し、道路の維持・補修、警戒・防護を重視して輸送を確保する。方面兵站基地や前方支援地域隊などから師団段列地域までのMSRは、主として鉄道、道路を指定し、状況により海路、一部空路が併用される。

第一線機動部隊（連隊戦闘団など）は、当初の戦闘に不可欠な弾薬、燃料、戦闘資材、糧食などをみずから携行して戦闘を開始する。これらは通常二、三日分で、戦闘により弾薬や燃料などを消費し、また人員の損耗も避けがたい。〝腹が減っては戦ができぬ〟のたとえもあり、糧食や水の補給も必要である。

戦闘目的を達成するためには、弾薬、燃料、糧食、水などの継続的な補給、負傷者の治療・後送、兵員の補充などにより戦闘力を維持増進しなければならない。すなわち、MSRとは第一線で戦う部隊の戦闘力を維持増進するための生命線といえる。

MSRは地形の特性、友軍の全体配置、敵情、第一線部隊の機動計画などを考慮して決定するが、敵の航空攻撃、正規部隊または非正規部隊による攻撃、伏撃、地雷設置、CBRN――化学兵器、生物兵器、放射性物質、核兵器など――による道路の汚染、交通渋滞、天候気象の変化などに対応できるよう、予備MSRの準備が不可欠である。憲兵部隊による交通統制、工兵部隊による道路の維持・補修、橋梁の防護も欠かせない。

MSR常時確保の必要性はそのとおりだが、実体はどうだったのか？　いくつかの戦例を取り上げて検証してみよう。

ノモンハン事件―補給幹線がなかったハルハ河左岸の戦闘

第二次ノモンハン事件の開始時（昭和十四年七月二日～四日）、第二十三師団は、ハルハ河右岸に進出して陣地を構築していたソ連軍に対して、安岡支隊（戦車二個連隊、歩兵一個連隊等）が正面（ハルハ河右岸）から攻撃し、師団主力（歩兵三個連隊等）がハルハ河を渡河して左岸からソ連軍の側背を攻撃した。安岡支隊の攻撃によって右岸の敵を拘束し、師団主力で退路を遮断して、ソ連軍を一気に撃滅しようという雄大な構想だった。

この攻撃構想を地図上に展開すると、理想的な包囲殲滅（せんめつ）戦に見える。しかしながら、第二十三師団が当初からこのように企図し、周到な準備のもとに、満を持して攻撃をおこなった形跡は見られない。現場に到着したあと、関東軍から派遣された参謀の示唆で、大あわてで攻撃を計画し実行にうつした、というのが真相である。

当初、安岡支隊の攻撃が功をそうして師団主力のハルハ河渡河は成功するも、その後、左岸の広漠たる草原でソ連軍の戦車および装甲車との遭遇戦となった。

（七月）三日の早朝に、本隊を求めて西へ移動することになりましたが、戦況不明の状態の中を、ただ行動して行くというのも心細いものでした。ハルハ河畔へ出ましたときに、ハルハ河を渡った白銀査干（バインチャガン）オボの高地で、敵と戦っている友軍の姿を望見できました。これが二十三師団に配属の須見大佐の歩兵第二十六聯隊の戦闘ぶりであったことはあとで知りました。

………これは容易でない、すさまじい状態でした。河を隔てて二キロ以上も離れておりますので、砲銃声も、遠い物音としかきこえませんが、戦闘のきびしさはわかります。いずれはわれわれも、どこかで、あのような対戦車戦を闘うことになるのだ、というさし迫

った思いでみまもったものでした。（伊藤桂一著『静かなノモンハン』三の章・背嚢が呼ぶ）

左岸に進出した各歩兵連隊は、速射砲、火炎ビンなどで対戦車戦闘をおこない、百五十両以上の戦車、装甲車を撃破した。だが、弾薬や水などの補給はおこなわれず、補給幹線上の浮橋（舟橋）の確保もあやうくなり、左岸に進出した師団主力はふたたびハルハ河を渡河して右岸へ撤退した。

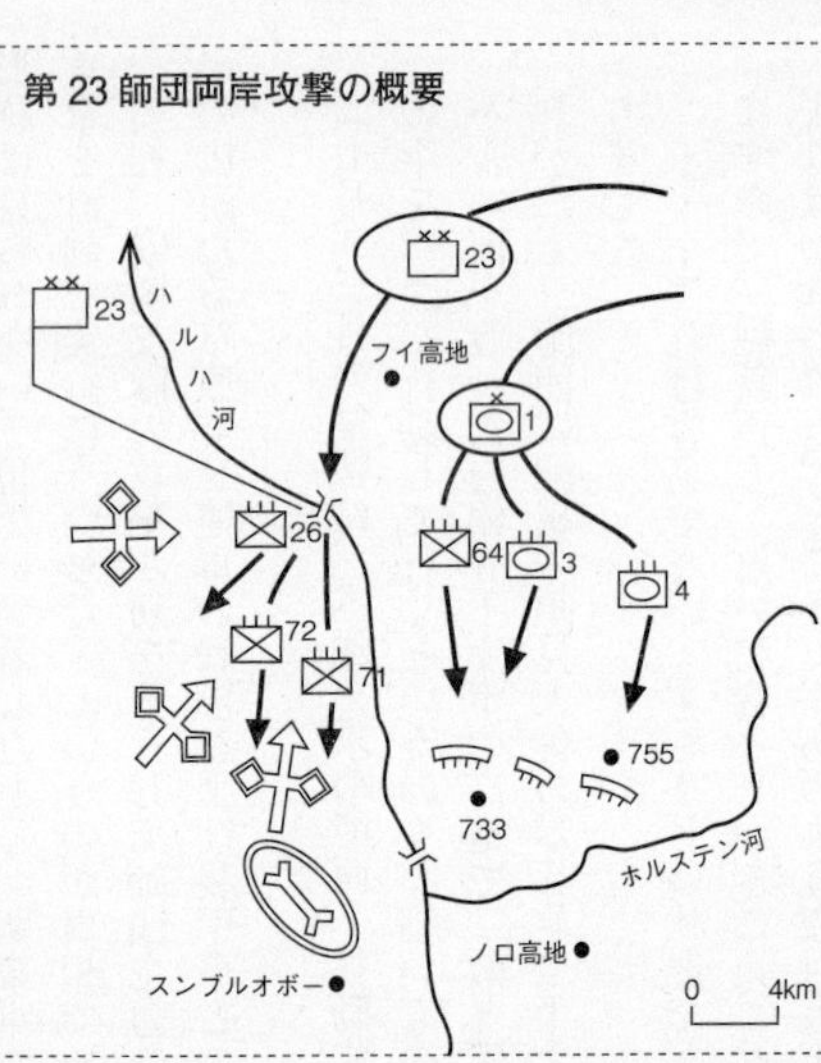

第23師団両岸攻撃の概要

師団主力が攻撃衝力を維持するためには、強力な砲兵と豊富な弾薬、迅速に第一線に投入できる予備隊、ならびに戦闘力を維持するための補給の継続的な実施が不可欠で、このためにはハルハ河に複数の橋が必要となる。

現実の作戦はこれらのいずれをも欠き、師団主力によるハルハ河左岸の攻撃はわずか一日でゆきづまった。近代化され機械化されたソ連軍に対しては、形だけで実体のない図上戦術的な包囲殲滅戦は通用しなかった。

ハルハ河左岸に進出したのは七・五個歩兵大隊（八千人前後）、連隊砲十二門、速射砲十八門、野砲八門、十二榴四門で、各部隊は対戦車戦闘でほとんどの弾薬を消費したが、これらに対する弾薬の補給はこころみられなかった。

七月二日夜以来の戦闘行動のため、人馬の給水には合間を見てハルハ河の水をくんで来なければならなかったが、戦況が激化すると其の余裕はなかった。給養は炎熱下携帯口糧乙の使用であったが、口中も乾き切って声さえろくに出ない有様なので、既定のカンパンなど到底のどを通らず、師団長以下飲まず食わずの戦闘の連続であった。（公刊戦史『関東軍1』）

昭和前期における旧陸軍の習癖ともいえるが、第二十三師団は、兵站という感覚を欠き、包囲殲滅戦という図上戦術的な観念にとらわれていた。浮橋（長さ八〇メートル、幅二・五メートル）は自動車、人員の通過は可能だったが、装甲車、重砲を左岸に進出させるためにはもう一本架橋する必要がある。架橋に任じた工兵第二三連隊は、追加用の架橋資材を補充されず、本来あるべき架橋中隊そのものが編成されていなかった。

師団長ハ輜重隊ヲシテ弾薬交付所ヲ開設シ、各部隊ニ弾薬ヲ交付セシムルヲ通常トス。
（『作戦要務令』第三部第百三十四）

弾薬交付所ト交付ヲ受クル部隊トノ距離ハ道路ノ景況、弾薬班及段列ノ輸送力、輸送量等ヲ考慮シ、歩兵ノ為ニハ勉メテ前方ニ位置シ、爾後戦線ノ推移ニ応ジ逐次移動スルモノトス。（『作戦要務令』第三部第百三十五）

渡河点付近の三十キロ後方に在る弾薬集積所（将軍廟）から、左岸の第一線部隊に対して弾薬を直接交付することは困難で、このためには渡河点付近に弾薬交付所を開設する必要がある。また渡河点付近の湿地の存在、架橋した浮橋の能力を考慮すると、ハルハ河左岸に進出した部隊への弾薬の補給は、人力による運搬にたよらざるを得ない。

現実には弾薬交付所は開設されず、人力運搬もおこなわれなかった。情報分野と同様に、兵站の分野も典範令と現実のくいちがいがいちじるしかった。ハルハ河両岸における包囲殲滅戦という気宇壮大なアイディアは、作戦の基盤を欠いており、しょせんは秀才参謀の図上戦術だった。

ガダルカナル島作戦―海路一千キロの補給

米海兵師団はガダルカナル島奇襲上陸（昭和十七年八月七日）とともにヘンダーソン飛行場を整備して戦闘機、爆撃機を常駐させた。当時、日本軍の最前線飛行場はラバウルで、ガダルカナル島から五百六十カイリ（約千百キロ）の距離があった。

ヘンダーソン飛行場に展開する戦闘機の作戦行動範囲は百五十カイリで、日本軍のガダルカナル島への兵員、装備、補給品の輸送は米戦闘機の制空権下の行動にならざるを得ない。東京および真珠湾からガダルカナル島までは、直線距離にすると等距離の二千八百マイル

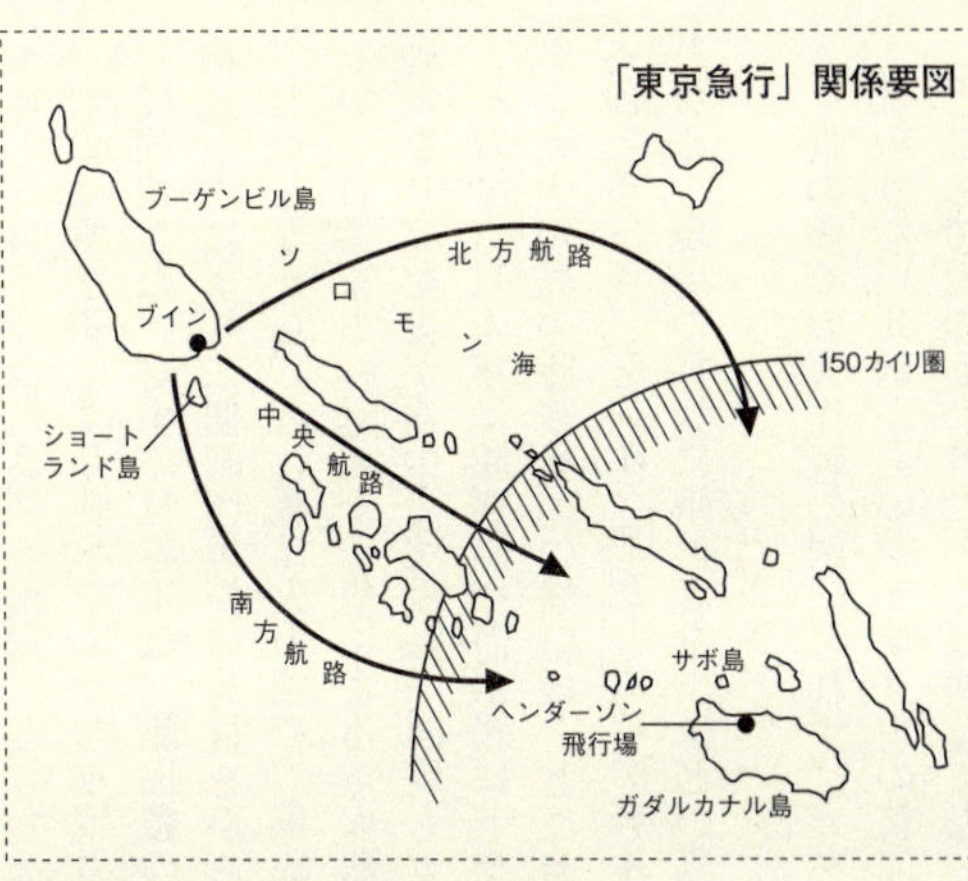

「東京急行」関係要図

（約四千五百キロ）だが、日米の補給力にはぜったいてきな差があった。

制空権のないところには制海権もない。日本軍がガダルカナル島海域の一五〇カイリ圏内で行動できるのは夜だけ。日本軍は高速駆逐艦に陸軍兵と補給品を乗せて、日没とともに百五十カイリ圏に突入し、三十ノットの高速で突っ走り、陸軍兵などを揚陸し、すばやく反転して日の出までには米戦闘機の行動範囲外へ出なければならない。

制海権は夜だけは日本側にあるが、夜が明けると米側にうばい返される。このために、日本軍はラバウル～ガダルカナル島中間点のショートランド泊地を待機位置として、月のない闇夜を選んで、北方航路、中央航路、南方航路のいずれかからガ島を目指した。米軍はこの行動を〝東京急行（トウキョウエキスプレス）〟と

やゆし、日本側は〝ネズミ輸送〟とじちょうした。

米軍は輸送船により戦車をふくむ重戦力を揚陸し、ヘンダーソン飛行場の防御態勢を日増しに強化した。対する日本軍は、駆逐艦の懸命な東京急行——兵員および個人携行火器のみ輸送——により二個師団規模の兵員をかろうじて揚陸できた。

しかしながら、近代戦は火力戦で、重戦力の米海兵師団には歩兵だけの白兵突撃は通用しない。日本軍も輸送船十一隻による重火器や弾薬の揚陸をこころみたが、米側の制空権下の行動となり、七隻が途中で沈没し、四隻もガ島到着後に大破した。

それでも日本軍は駆逐艦や潜水艦にドラム缶をくりつけて糧食の輸送をつづけるが、ガダルカナル島の陸軍兵への補給はとどこおり、やがて餓死者が出はじめた。中央当局（参謀本部・軍令部）が兵站を無視した攻勢終末点の判断をあやまり、そのような検討すらすることなく、現場の将兵に餓死者を出すという悲惨な状況になった。

世の多くの大作戦の例にもれず、ガダルカナルの決戦も本質的には補給の戦いであった。数限りない死闘があのジャングルの繁みでたたかわれたが、大局を決する決戦は、そんなところでたたかわれたのでは決してない。決戦の本舞台は海上の兵站補給路であった。ジャングルのなかの日本地上軍は、すでに失われてしまっていた戦闘を、それとは知らずに、必死に挽回せんとして空しくたたかっていたにすぎない。（大井篤著『海上護衛戦』角川文庫）

ガダルカナル島への補給線は、ラバウルから千キロ超だが、その補給線はトラック島をへて日本本土まで約五千四百キロへとつらなっている。この長大な海上兵站補給路が確保でなければ、ガ島の陸上作戦自体が成り立たないのだ。

大井篤著『海上護衛戦』によれば、ガダルカナル島作戦の四ヶ月間に、米軍機の空襲で二十三隻（十七万トン）、米潜水艦の雷撃で十隻（約五万トン）の商船が、ガ島沖・内南洋・ソロモン海域で失われている。日本海軍には海上護衛戦の思想も能力もなかった。

本土からガダルカナル島までの長大な海上補給路

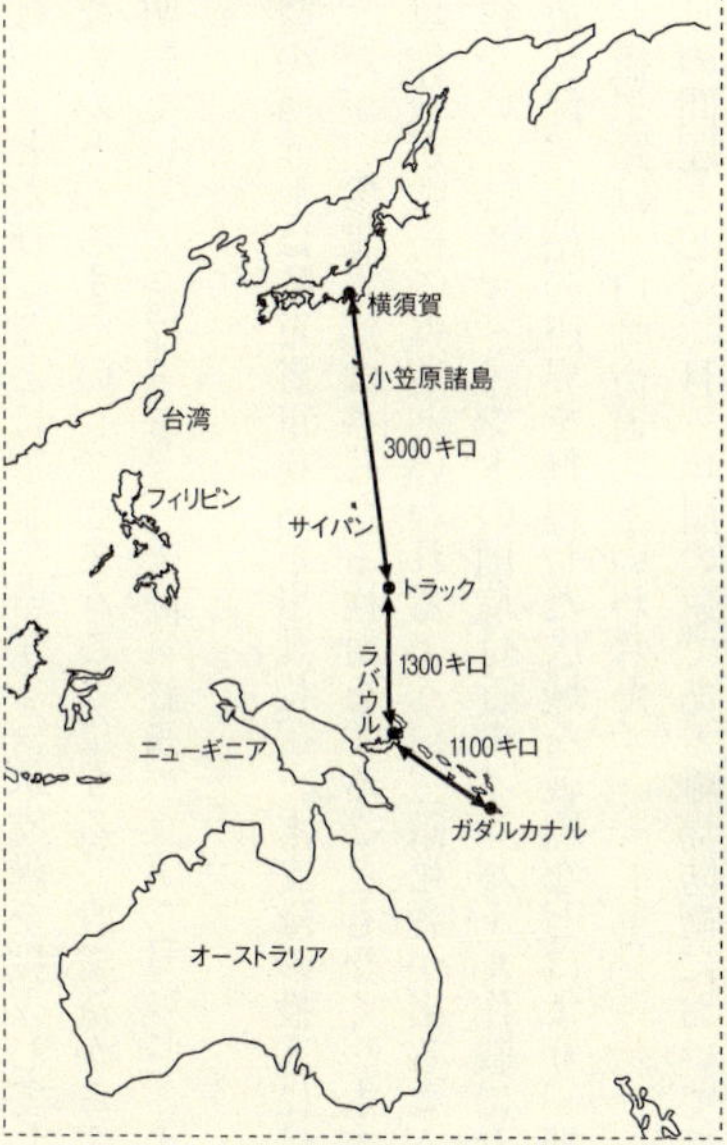

横須賀
小笠原諸島
台湾
3000キロ
フィリピン
サイパン
トラック
1300キロ
ラバウル
ニューギニア
1100キロ
ガダルカナル
オーストラリア

海洋輸送を伴う遭遇戦——

要点ガダルカナルは確かに奪還をしたい。しかしひとたび一木支隊を投じて失敗したとき、その後のわが船舶及び兵団の損耗を考えてみると、この争奪に力を入れるべきか、あるいは一歩退って領有確実な地点の防衛強化につくすべきか、昔からのわが伝統によれば、ひとたび、ことに軍旗を奉ずる一木支隊を投入してしまうといやでも応でものっぴきならぬところまでいってしまうことになる。殷鑑(いんかん)遠からず「ノモンハン」事件がこれを証明している。（西浦進著『日本陸軍終焉の真実』日経ビジネス人文庫）

当時の西浦進は陸軍省軍務局軍事課長、一木支隊の投入には慎重な配慮が必要との意見だった。だが、参謀本部はさしたる検討をすることもなく一木支隊をガ島奪還に投入した。

特攻作戦が戦術の外道といわれるように、餓死者が出るような作戦も同様に外道といわざるを得ない。ビルマ・インドの国境付近のインパール作戦においても、けわしい地形、極端な気象状況、兵站の限界を無視した広域な戦線などにより、補給が途絶して多数の餓死者を出し、撤退路は〝白骨街道〟といわれた。

今日の問題として、目下焦眉の急である離島防衛においては、ガダルカナル島作戦同様にMSRは海路となり、海上優勢および航空優勢の確保が絶対条件となる。また、ガダルカナル島作戦のように陸海空がばらばらに戦うのではなく、統合司令官による陸海空部隊の一元指揮が大原則である。

ベトナム戦争―勝利の鍵をにぎったホー・チ・ミン・ルート

ベトナム戦争にはいろいろな顔がある。統一をめぐる南北の戦い、東西冷戦の代理戦争、アメリカ軍と北ベトナム正規軍との戦い（一九六五年以降）などであるが、最終的には北ベトナムが全土を統一して決着した。
南北両政府とも長期戦を戦える国力はなく、北はソ連・中国、南はアメリカから武器、弾薬などの提供をうけた。アメリカがベトナムから撤退（一九七三年三月）してこのバランスがくずれ、二年後（一九七五年四月三十日サイゴン陥落）に南が崩壊した。

戦争は補給が決定する。補給が相手よりもはなはだしく貧弱になったときに終了する。（略）しかし、ベトナム戦争にはその原則がない。その原則が戦争という人間社会の異常運動のキメ手の生理であるのに、その生理をもっていない以上、ベトナム戦争は戦争（内乱を含む）という定義からまったくはずれた別なものなのである。ハノイにもサイゴンにも密林の中の解放戦線にせよ、自前で武器を作る工場をもっていないのである。かれらが自分で作った兵器で戦っているかぎりはかならずその戦争に終末期がくる。しかしながらベトナム人のばかばかしさは、それをもつことなく敵味方とも他国から、それも無料で際限もなく送られてくる兵器で戦ってきたということなのである。この驚嘆すべき機械運動的状態は代理戦争などという簡単な表現ですませるべきものではない。敗けることさえできないという機械的運動をやってしまっているこの人間の環境をどう理解すべきなのであろう。（司馬遼太郎著『人間の集団について』中公文庫）

司馬遼太郎は、米軍が撤退を完了した直後の一九七三年四月一日にサイゴン（現ホーチミ

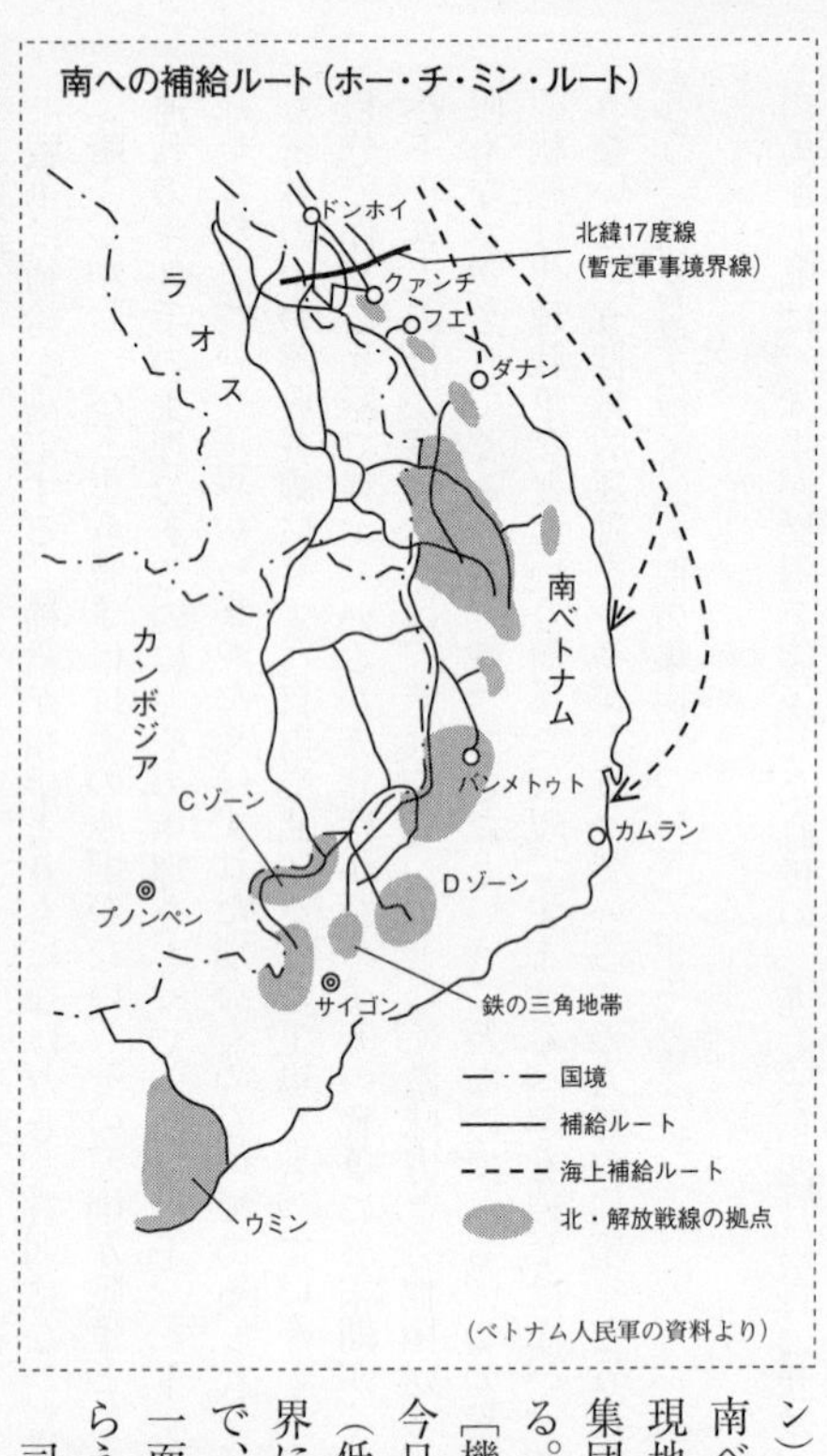

ン）をおとずれた。南ベトナム滞在間の現地ルポが『人間の集団について』である。

［機械的運動］とは今日頻発するＬＩＣ（低烈度紛争）の世界にもつうじる卓見で、ベトナム戦争の一面をあざやかにとらえている。

司馬のいう北の［機械的運動］をささえたのは、ホー・チ・ミン・ルートとよばれたジャングル内の補給幹線である。

ベトナム戦争は近代軍に対するゲリラ戦法という見方があるが、北ベトナム正規軍は百二十二ミリロケット発射機、百三十ミリカノン砲、Ｔ54戦車などの近代的なソ連製装備を保有。ソ連から提供された装備や大量の弾薬などがホー・チ・ミン・ルートをつうじて前線部隊に補給され、最前線の戦闘力を維持した。

あらゆる軍事物資はトラック、鉄道でハノイから北ベトナム南部まで運ばれる。そして、そこから非武装地帯（ＤＭＺ）を避けて西に向かいムジア峠経由でラオス領内に入り、南ベトナムとの国境沿いに南下する。このルートは南ベトナム中部高原地帯の西側でラオス――カンボジア国境を横切り、プノンペン、サイゴンの中間地帯まで続く。

ＤＭＺを起点に考えると、直線距離として一四〇〇キロ、総延長では四〇〇〇キロを超える長い補給線である。

もちろん、ルートは一本ではなく主要なものだけでも三本、そしてそれぞれに無数の枝道がムカデのようにつながっている。このホー・チ・ミン・ルートこそ、南ベトナム民族解放戦線（ＮＬＦ）にとっての生命線であった。（三野正洋著『わかりやすいベトナム戦争』光人社ＮＦ文庫）

米軍も南ベトナム軍も、当然、ホー・チ・ミン・ルートを遮断することの重要性を認識しており、航空攻撃や地上部隊の攻撃によりルートの破壊をこころみたが、北側の補給の流れを止めることはできなかった。

ラオスもカンボジアも独立国家であるが、自国領土を北ベトナムに許可なく勝手に使用された、という側面がある。

兵站――段列

後方関係の用語は超難解

段列＝トレイン（Train）とは戦闘力の維持をになう人員、車両、装備のグループを総称する用語で、編制表に定められた固定的な部隊ではない。

段列のイメージとして、西部劇映画でインディアンの襲撃を受けた騎兵隊が大型荷馬車（ワゴン）を倒して円陣を組んで戦う場面があるが、この大型荷馬車のグループが段列である。二頭以上の馬で牽引するワゴンに弾薬、糧食、水などの補給品を積載し、ときには傷病者を収容する救護車にもなる。段列は騎兵隊の戦闘力維持に欠かせない。

いかなる業界にも独特の業界用語があるように、軍事用語も例外ではない。

わが国の正式な軍事用語といえば、自衛隊が使用している用語ということになるが、自衛隊用語には敗戦後遺症のなごり――歩兵を普通科、行軍を行進などのように、軍を想起させる用語を別語に言い換えている――があり、必ずしも成熟していない。

第一線機動部隊が戦闘力を発揮するためには、指揮、戦闘、支援の三つの機能が不可欠である。戦闘は近接戦闘、火力戦闘、防空戦闘に区分し、支援は戦闘支援、戦闘サービス支援に区分する。本稿では、戦闘力を維持し増進する〝戦闘サービス支援〟をとりあげる。

関連用語は兵站、輜重（しちょう）、行李（こうり）、段列（だんれつ）、Sustainment、Logistics、Trains など多彩で、旧陸軍、米陸軍、陸上自衛隊におけるそれぞれの概念は必ずしも一致しておらず、〝戦闘サービス支援〟をひとくくりで表現する便利な専門用語はない。

兵站ノ主眼トスル所ハ、軍ヲシテ常ニソノ戦闘力ヲ維持増進シ、後顧ノ憂イ無クソノ全能力ヲ発揮セシムルニアリ。而シテ作戦上必要ナル軍需品及馬ノ前送、補給、傷病人馬ノ収療及後送、要整理物件ノ処理、戦地資源ノ調査、取得及増殖、通行人馬ノ宿泊、給養及診療、背後連絡線ノ確保、占領地ノ行政等ハ兵站業務ノ重要ナル事項トス。(『作戦要務令』第三部、昭和十五年)

昭和十五(一九四〇)年においてなお、人と馬が一体としてあつかわれていることに、旧日本陸軍の体質がうかがわれる。文言には外征軍としての特性が見られるが、兵站業務の考え方自体は洋の東西、古今を問わず共通している。

今日の米陸軍はサステインメント(戦闘力維持)をロジスティクス(兵站)、パーソナル・サービス(人事サービス)、ヘルス・サービス・サポート(健康サービス支援)の三つのカテゴリーに区分している。それぞれの内容は「戦闘力維持」(八十二ページ)に記述した。

米陸軍のモジュラー師団に配属される戦闘力維持旅団(sustainment brigade)は、単一の支援組織として戦闘力維持全般を統括して、旅団戦闘チームを支援する。

指揮下の支援大隊は、機能別中隊が補給、弾薬、燃料、輸送、整備などの業務を実施し、必要に応じて人事、会計部隊が増強される。また、支援大隊の衛生小隊、旅団の衛生支援中隊は、戦域軍の衛生旅団と連携して各種衛生業務をおこなう。

陸上自衛隊は情報、兵站、衛生、人事、通信、民事、広報、会計、法務の各機能を作戦・戦闘の基盤と位置づけ、兵站の目的を〝部隊の戦闘力を維持・増進して作戦を支援する〟と明確に定義している。

兵站は国家の策源から末端の個人にいたるまでの継続・一貫した機能で、補給、整備、回収、輸送、建設、不動産、労務、役務等の各機能を網羅している。戦術行動においては、兵站・衛生・人事の各部隊および施設を一体として運用する。

旧陸軍の輜重、段列、行李

補給及給養ハ軍隊ノ戦闘力ヲ維持増進スル為必須ノ要務ニシテ、之ガ適否ハ作戦ニ重大ナル影響ヲ有ス。(『作戦要務令』第三部)

わかりやすくいえば、補給とは弾薬の補給をいい、給養とは人・馬の糧秣の補給のこと。これらの補給業務を担当する機能・機関が輜重、段列、行李である。

輜重隊が師団全般の補給・給養を担当する。

明治二十一年、内乱鎮圧用の鎮台を外征軍の師団へ改編し、師団に輜重兵大隊――人員六百二十二人、馬二百九十八頭――が新設され、昭和十一年の師団新・改編で輜重兵聯隊――人員千四百九十五人、馬二百九十五人、馬三百二頭――へと改編された。

昭和十二年編成の第三師団（輓馬編制）／野砲兵聯隊に聯隊段列――人員二百三十四人、馬二百一頭――と大隊段列―人員九十人、馬六十一頭――が編成されている。当時の軍隊は馬六頭で弾薬車を牽引し、弾薬駄馬は十二発の弾薬を運搬した。

歩兵聯隊は、聯隊弾薬班、大隊弾薬班、中隊（歩兵中隊、聯隊砲中隊、速射砲中隊）の弾薬小隊をもって弾薬の受領、交付をおこなった。弾薬補充業務のために弾薬車、駄馬、人力などが併用された。

ノモンハン事件（昭和十四年）に応急出動した戦車第四聯隊に聯隊段列があり、指揮機関、修理小隊、補給小隊で構成、人員百二八十七人、車両二十七両（九五式軽戦車五両、自動車二十二両）の編成だった。

だが、戦車聯隊に対する上級部隊からの支援はなかった。「戦車隊に対する人員、戦車、戦闘に必要な資材の補充、補給、修理等のいわゆる後方関係機関のなかったことは戦力の維持を困難ならしめた」と当時の聯隊長が証言している。

今日の私たちには想像することすら困難だが、旧陸軍は大量の軍馬を保有していた。ノモンハン事件（昭和十四年）に一万千八百八十七頭の馬が参加し、二千二百八十頭が戦場でたおれている。

給養の大半は人・馬の糧秣の補給であり、これを行李が携行した。歩兵聯隊には聯隊行李と大隊行李が編成されていた。

各部隊ハ其ノ行李中糧秣其ノ他当時軍隊ニ必要ナルモノ（前方行李）ハ自ラ之ヲ携行シ、爾余ノ荷物其ノ他ニシテ各部隊自ラ携行スル能ハザルモノ（後方行李）ハ師団命令ニ依リ一時残置スルカ若シクハ輜重兵聯隊長ニ依託スルモノトス。（『作戦要務令』第三部第二篇）

行李ハ其ノ師団ト共ニ行軍スル全部隊ノモノヲ合シ、師団行李長ノ指揮ヲ以テ本隊ノ後方適宜ノ位置ヲ続行セシメ、或イハ各部隊毎ニ其ノ所属スル行李ヲ合シテ行進セシメ、或イハ一部若シクハ全部ヲ所属部隊ト共ニ行進セシム。（『作戦要務令』第一部第五篇）

現代の軍隊は多数の各種車両（装軌車、装輪車）を装備しており、馬糧（まぐさ）ならぬ燃料・油脂の補給は膨大な量となる。また現代戦は火力戦でもあり弾薬の補給もまたおして知るべし。

陸上自衛隊の段列

師団に後方支援連隊（連隊本部、二個整備大隊、補給隊、輸送隊、衛生隊）があり、有事には師団段列の主力として第一線部隊の支援をおこなう。段列は師団の後方地域に所在する兵站・衛生・人事部隊などをもって編成し、後方支援連隊長が師団段列長となる。

東富士演習場で実施された第一後方支援連隊の野外段列展開訓練によれば、師団の戦闘を支援するためには、駒門駐屯地から富士駐屯地までの二十キロ以上すなわち東富士演習場全域という広大な地域が必要となる。

後方支援連隊指揮下の各部隊は、師団整備所（施設・通信・火器・需品・化学）、師団工作所、直接支援整備所——普通科連隊・戦車連隊・特科連隊など各部隊を直接支援——、師団交付所——糧食・需品・燃料・部品・衛生——、師団回収所、師団入浴所・洗濯所、師団給水所、師団収容所（救護所）などの各施設を開設する。

この他、後方支援連隊以外の部隊が会計事務所、弾薬事務所、師団築城資材交付所、師団地図交付所、警務哨所、捕虜収容所、人事センター、補充員受け入れセンター、遺体安置所、火葬場、遺骨安置所、埋葬所などの各施設を開設する。

これらの部隊・施設が所在する地域を合わせて師団段列地域といい、戦車回収車、重レッカー、野外炊具1号、野外手術システム、貯水タンク、野外入浴セット2型、燃料補給車など多彩な装備が展開される。

師団段列長は、これらの部隊、施設、装備をフル稼働して、第一線戦闘部隊の戦闘力の維持増進を支える。このことを「戦闘サービス支援」という。

戦車連隊が戦闘する場合、通常、特科大隊、普通科中隊、高射中隊、施設中隊その他各職種部隊の配属を受けて戦闘団というコンバインド・アームズ部隊を編組する。

この場合、戦車連隊／本部管理中隊の各小隊（通信小隊、衛生小隊、施設小隊、補給小隊など）の主力または一部をもって戦車連隊段列を編成して、戦車中隊・普通科中隊など第一線部隊を支援する。

戦車連隊段列地域には、燃料・弾薬の補給をおこなう大型車両・APC、その他各種車両、連隊収容所、共同炊事所、給水所など各種施設および多数の車両が展開、連隊段列長の指揮で第一線部隊を支援する。段列長には第四科長または本部管理中隊長を指定する。

連隊収容所には、負傷者の救護・後送をおこなう救急車（APC）、師団から配属された野外手術システムなどを配置。共同炊事所では戦車中隊などの野外炊具一号をまとめて一括炊事する。給水所は後方支援連隊から配属される。

段列地域の中に直接支援整備所があり、戦車連隊直接支援中隊の整備車両、APC、戦車回収車などが整備要員とともに待機している。直接支援中隊は、かつて戦車連隊に所属していた整備小隊および戦車中隊整備班の要員・装備を後方支援連隊の第二整備大隊に統合した部隊で、平素から戦車連隊と同一駐屯地で勤務している。

戦車中隊では段列を設けないが、副中隊長・係陸曹がこの機能をはたす。

戦車中隊は、副中隊長の統制で中隊本部の係陸曹――補給、車両、砲塔砲整備、火器、給養・健康――が連隊段列の関係部署と調整しながら、中隊の戦闘力を維持する。各戦車中隊には本部管理中隊の衛生小隊から救護員一名が配置される。

　陸上自衛隊は、着上陸侵攻した敵部隊を海に追い落として国土を回復するため、国土で戦うことを前提としている。純軍事理論からいえば、国土を戦場にすることは最悪の選択であるが、専守防衛を狭義に解釈すると国土戦を想定せざるを得ない。

　ゆえに、敵の着上陸侵攻を抑止して、国土戦を回避することが最重要となる。戦わざる最精鋭の部隊を保持し、練成することが、抑止の眼目である。

　国土戦の場合、戦闘サービス支援は国内の資源、施設――鉄道・船舶・車両など輸送機関の利用、燃料・水の補給、民間医療施設の活用など――を利用できるというメリットがある。とはいえ有事にいきなり支援とはいかないので、平時から関係機関と協定を結び、訓練し、災害派遣などをつうじて実績を重ねることが大切である。

　ＰＫＯなどで海外に派遣される部隊は、自前の段列を持つと同時に、本国から海路および空路の補給幹線による継続的な支援が必要。ＰＫＯ部隊の戦闘力を維持・増進するために、国家の策源から末端の個人までの一貫した兵站・人事・健康の機能が不可欠である。

第三章　戦場の光景

残置部隊

主力を生かす非情の配置

第二師団で勤務したとき、ある一冊の本と出合い、魂をゆさぶられた。それは太平洋戦争末期の敗色濃いビルマ戦線でのエピソードをつづった『山川草木』と題する小冊子である。ビルマ戦線に少佐参謀として参加した元第二師団長・村田稔陸将が、司令部の幕僚教育として講話した内容だった。以下、少し長くなるが、その一部を紹介する。

太平洋戦争中、ビルマ戦線のもっとも西端地域に駒をすすめていた第五十四師団は、アラカン山系に区切られたインドとビルマの国境、ベンガル湾に面して南下および海上よりする英印軍と決戦を企図していた。

昭和十九年十二月上旬、第五十四歩兵団長木庭智時少将の指揮する木庭支隊（歩兵第百五十四聯隊と野砲兵一コ大隊基幹）は、アキャブを中心としたベンガル湾沿いの数百キロにわたる地域において持久の任につくことになった。

そのころすでに、敵は陸路から西阿第81および第82師団が、海路から英印第26師団が駆逐艦三隻の支援を受けて木庭支隊を圧していた。

名将木庭少将（英軍は〝白馬の将軍〟と呼び神格化していた）、その名将に率いられた勇猛第五十四歩兵団の奮戦にもかかわらず、圧倒的な敵兵力と陸海空からの猛攻に抗し切れず、部隊は十二月下旬からアキャブ付近からアラカン山系を越え、ブローム方面へ撤退することになる。

この撤退路は容易ならざる地形であるのみならず、車両部隊でも、ほぼ一ヵ月を要する長い路であった。アラカン山系までの道路は海岸沿いの平坦路であるが、カンゴー付近は山沿いを迂回して撤退せねばならなかった。

そのカンゴー近くに一高地がある。

この高地は東西に通ずる唯一の道路を完全に制することができ、しかもこの道路以外は機動困難という緊要な地点であった。すなわち、この要点を確保すれば僅少な兵力をもって敵の数コ師団に対し、数日の持久が可能な高地となっていた。

木庭少将は聯隊きっての勇敢な小隊長であった某中尉を呼びこの小高地の確保を命じた。

この時、少将は任務を与える前に、この高地の確保が戦術上いかに重要であるか、したがって、この高地を確保することが、兵団を救う唯一の手段であることを、こんこんと話した。中尉は「よく分かりました。必ずやりとげます」と部下三十数名をつれて高地に向かった。

小隊長は敵のこの付近への進出を約一週間後と見積もっていたが、機動力に富む敵は予定より二日早く出現し、このため小隊は防御準備不完全のまま戦闘に入った。

その防御配置は小隊長が中央に位置しそのまわりを隊員がとりかこむ形で、工事はたこつぼ程度のものであった。もちろん予備陣地もなければ予備隊も有しない。

小高地前面に進出してきた敵は、優れた砲兵と、海上からこれを支援する駆逐艦三隻の艦砲をも加えて終日、猛烈な砲撃を行なった。翌朝も再び昨日に倍する砲撃を加えたが、この猫額大の小陣地から離れる日本兵の姿は一人も見受けられない。

このため敵は近接して迫撃砲の集中火を浴びせたが、高地からはこれに応えるように砲弾がとんでくるのだ。しかしこれは敵の誤認であって実際は堀越大尉の指揮する野砲二門が、高地のはるか後方から掩護射撃していたのであった。

英軍指揮官が双眼鏡で見ていると、集中する迫撃砲の一弾が命中し、小隊長の位置する壕が爆煙につつまれ、何か倒れたのが見えた。しかし小隊長は依然健在のようであり、倒れたのは恐らく木の株であろうと指揮官は傍の副官に語った。

二日目の英軍の突撃も断念された。

三日目、敵はあらゆる火器を動員し、一挙に高地に突入した。

この時、英軍将兵を驚かせたのは、三十数名の日本軍小隊が全員たこつぼ壕の中に座ったまま戦死をとげていることであり、小隊長は壕に寄りかかったまま、さながら生きて指揮をとっているかのように首を起こしていることであった。歴戦の英軍将兵も、その勇敢さに感嘆し、等しく黙祷を捧げたという。

終戦後、英軍戦史の編纂者は「この精鋭な小隊は、どのようにして訓練されたものか」と、しつこく尋ね、ようやく我が方も、この小隊の最期を知った。

第五十四師団は、昭和十五年七月に姫路、鳥取、岡山の歩兵連隊を基幹として姫路で編成され、十八年二月動員されてビルマに出征。師団長は宮崎繁三郎中将、歩兵団長は木庭(こば)智時少将だった。木庭少将は陸士第二十五期、陸軍大学校は出ていないが実兵指揮に練達した野戦指揮官、部下将兵の信頼はとくに厚かった。

伊藤正徳著『帝国陸軍の最後』にも類似した例があり、細部に若干のちがいはあるものの、多分、同一の事例と思われる。あるいは似たような別の戦闘だったのかも知れない。いずれにしても、ビルマ戦線に咲いた哀切なエピソードである。

土門周平（近藤新治）氏に『最後の帝国軍人』という著書がある。無謀といわれ地獄といわれたインパール作戦において、与えられた職務を全力をつくして遂行した宮崎と木庭が主人公だ。あしざまに言われる帝国陸軍にも、このような軍人、指揮官がいたのだ。これこそが本来の野戦指揮官のあるべき姿である。

残置部隊とは何か

一般読者には「残置部隊」とは聞きなれない用語であろう。後退行動（退却）という戦術行動があり、そのなかで残置部隊が登場する。

後退行動は、防御が破綻または破綻の危機に直面し、攻撃中の敵との接触をとき（離脱）、敵との間合いをとって（離隔）、新たな戦術行動に移行する運動をいう。

離脱する際、圧迫を受けている部隊はいっきに下がれないため、一部の部隊を現地に残して敵の攻撃を阻止させ、その間に主力部隊が後方に下がる。昼間にこのような行動をとることは困難で、夜の闇にまぎれておこなうのが一般的である。

現場に残す一部の部隊を「残置部隊」という。

残置部隊は、全部隊がこれまでと同様に防御陣地に存在しているかのごとく行動して、攻撃中の敵を欺騙する。このために、第一線の各部隊からすこしずつ部隊を抽出して広い正面に配置し、野砲、迫撃砲などもこれまでと同じように射撃を継続する。

残置部隊は主力を下げるための一時的な配置で、現地に置き去りにすることを前提としない。理屈はそのとおりだが、防御部隊が防御を中断して後方へ下がらざるを得ない状況を考えると、残置部隊自身の離脱は容易ではない。主力部隊および任務達成後に離脱する残置部隊を収容掩護するため、通常、「収容部隊」を後方に配置する。

米陸軍は離脱に際して、通常、警戒部隊の掩護下に主力部隊を下げるが、敵の圧迫が強い場合はＤＬＩＣ（detachment left in contact）を指定する。旅団が離脱する場合は中隊チームをＤＬＩＣとして指定する。このＤＬＩＣが残置部隊である。

米陸軍は、後退行動の特異な例として、軽歩兵部隊をStay-Behind Force（敵中残置部隊）として残し、敵の攻撃部隊に対して一連の伏撃や襲撃を実施させる。マニュアルでは［Stay-Behind Operation は自殺任務（suicide mission）ではない］とし、主力部隊とのリンクアップなど救出の手立てを講じるとしている。

『作戦要務令』の第二部第四篇第二章に［退却］という項目があり、夜間退却をおこなう場合［第一線ノ諸要点ニ僅少ノ部隊ヲ残置シ」、［残置部隊ノ為特ニ収容隊ヲ設クル」と明記している。

一部部隊の残置を拒否した米海兵師団長

一九五〇年十一月二十七日夜、氷点下三十度をこえる酷寒の朝鮮半島北部の長津湖畔で、中共第九集団軍（七個師団）が米第一海兵師団に対して攻撃を開始した。中共軍は人海戦術による正面攻撃、翼・間隙からの潜入、側背からの攻撃、退路の待ち伏せなどを同時におこなった。

米海兵師団は絶対的な制空権、隔絶した火力・機動力・装甲力をもっていたが、部隊の行動は道路ぞいに限定される。中共軍は山ばかりの地形の特性を最大限に活用して、海兵隊に対してあらゆる方向から昼夜の別なく攻撃をくり返した。

第一海兵師団は柳潭里を占領していた第五・第七海兵連隊を喝隅里に撤退させた。柳潭里―喝隅里は氷雪におおわれた山道で、距離は二十二キロ。両連隊は、千五百人の負傷者をつれて、昼も夜も戦いながら七十七時間かけて喝隅里に到着した。

喝隅里は大規模な兵站基地で、一万人の兵力と一千両の車両が集結し、基地内には滑走路があり輸送機の発着が可能だった。第一海兵師団長は、喝隅里からの空輸脱出をすすめられたがこれを拒否した。

輸送機による主力の脱出は可能だが、滑走路を確保する最後の中隊規模の部隊を現地に残置せざるを得なくなる。主力が輸送機で脱出すると、古土里守備の一個大隊基幹の部隊は陸路を単独で脱出することになり、脱出間に中共軍の攻撃により全滅する可能性がある。また戦車、野砲、車両などの重装備も放置しなければならない。

スミス師団長は「海兵はつねに一体である。武器も海兵のものであるかぎり、運命は同じだ」と、徒歩行軍による陸路からの脱出を決断した。

師団主力をいかすために、中隊を残置部隊として現地に残し、滑走路を確保させ、古土里守備の大隊基幹の部隊に単独脱出を命ずることは、一部を犠牲にして主力をいかすという戦理にかなっている。

だが、第一海兵師団長スミス少将は別次元の決断をした。スミス少将の現状認識は、後方へ下がる後退行動ではなく、敵に向かっての攻撃であった。

喝隅里―古土里は十八キロ、古土里―真興里は十キロである。

いずれも中共軍に有利な山また山にかこまれた地形だ。

海兵隊は、航空機、迫撃砲、野砲などの火力で掩護された脱出回廊を、三個の梯隊を組み、それぞれ梯隊はT字型の戦闘隊形で、四周から攻撃してくる中共軍と戦いながらしゃにむに前進した。

負傷者は喝隅里から輸送機ですでに全員後送した。行進中の車両に乗っているのはドライバー、助手、新たに発生した負傷者、戦死者だけである。動けるものは指揮官も兵も全員自分の足で歩いた。

十二月六日早朝に喝隅里を出発し、古土里に到着したのは七日の深夜であった。古土里の基地には暖房用のテントが用意されていた。

古土里から一万四千人余の兵士と千四百両余の車両が真興里に向かった。

四十両の戦車（M４中戦車）と偵察小隊が後衛となって古土里を出発したのは十二月十日深夜だった。気温は氷点下三十度をこえ、戦車は出発前に燃料、オイル、冷却水などの凍結防止のため、数時間おきに暖機運転をしなければならなかった。

筆者も酷寒の北海道上富良野演習場で、日の出前に、氷点下三十九度を経験したことがある。燃料、オイルを凍結させせると、戦車そのものが動かなくなるのだ。このようなときは、なにはともあれ暖機運転をつづけるしかない。

ジム・メスコ著『Armor in Korea』に、古土里で暖機運転するM４A戦車の写真が載っており、荒涼とした戦場をほうふつさせ、胸がしめつけられる。さもあればあれ、最後尾の戦車と偵察小隊は、後衛の任務をはたして十一日午後十一時ごろ真興里に到着した。

真興里―咸興五十六キロ、咸興―興南十三キロ、いずれも開けた平地で中共軍が自在に跳梁できる環境ではない。真興里から第一海兵師団の各部隊はトラックや列車で海岸まで移動し、中共軍の重包囲からの脱出行は終わった。

第一海兵師団の損耗は戦死、戦傷、行方不明、凍傷患者などをふくめて八千人におよび、師団の五十パーセントにたっしていた。


残置部隊もＤＬＩＣもStay-Behind Forceのいずれも非情の配置ではあるが、必死の配置ではなく脱出・生存の可能性を残している。だが、冒頭のビルマ戦線のような生死を超越した文字通りの残置部隊もあるのだ。

危急存亡の関頭において、指揮官は小を殺して大を生かすというはらわたをえぐられるような決断をもとめられる。命ずる者と命ぜられる者の間に、絶対の信頼関係がなければ、残置部隊という究極非情の配置は成功を見ることはない。

夜間戦闘

夜暗の戦術的利用に勝ち目を見出す

旧海軍の戦略の原型は艦隊決戦である。

海戦において勝利を決定するのは主力艦同士の砲戦と見きわめ、日本海海戦の再現を理想とした。戦艦を中心とする輪形陣で西進してくる米艦隊を待ち受け、主力艦同士の決戦で米艦隊を撃滅し、これにより戦争に勝利するというシナリオである。

主力艦同士の砲戦はいきなりは起きない。先ず、遠方に展開した潜水艦による哨戒、次いで前方に配置した水雷戦隊による夜戦が先行する。

水雷戦隊は高速で敵主力艦に肉薄し、高性能魚雷の発射・砲撃により敵主力艦の一部を戦列から落伍させる。水雷戦隊は軽巡洋艦を旗艦とする四個駆逐隊（駆逐艦十六隻）をもって編成する。これを夜間肉薄雷撃戦による漸減（ぜんげん）戦法という。

一九四〇年代、夜は文字通り暗黒の世界だった。暗闇は人心を不安にし、恐怖におびえさせる。暗黒という夜の特性を戦術的に利用することにより奇襲が成り立つ。

日本海軍の夜間肉薄雷撃戦は、想像を絶する猛訓練で夜暗を克服し、九三式六十一センチ酸素魚雷を搭載した陽炎（かげろう）型駆逐艦の登場とあいまって完成の域にたっした。

太平洋戦争初期段階の遭遇戦的な海戦で、水雷戦隊の見張員は、暗夜、肉眼で一万メートルの遠方から敵の艦影を透視した。駆逐艦はすぐさま最大戦速で敵艦に肉薄し、五千メートル以内の雷撃最適距離で魚雷を発射して敵艦を撃破した。

九三式六十一センチ酸素魚雷は、炸薬五百キロ、五十ノットで二万メートル走る。原動力が酸素のため航跡が残らない。炸薬五百キロは巡洋艦の致死量だ。敵艦を先に発見して、最適魚雷圏内に突進し、必殺の魚雷をたたきこむ。スラバヤ沖海戦やガダルカナル島をめぐるいくつかの海戦で、このことが実証されている。

太平洋戦争開戦当初、アメリカ、イギリス、オランダ、オーストラリア、ニュージーランド海軍は、日本海軍の夜間肉薄雷撃戦という奇襲に圧倒され、巡洋艦などを多数失った。彼らは、夜間、一万メートルの遠方から敵の艦影を透視する日本海軍の見張員の肉眼に対抗できる、いかなる手段も保有していなかったのだ。

しかしながら、昭和十七年後半になると、海戦の主導権は徐々に米側にうつった。米海軍は日本海軍の超人的な見張員の目視能力に対して、科学的手段で対抗した。

米艦艇は日本艦艇の魚雷圏外の砲戦で応じるようになった。米艦のレーダーは二万三千メートルで日本艦の接近を探知し、一万メートルで砲撃を開始した。

日本艦の見張員が米艦を発見するのと同時に、米艦の射撃レーダーにより正確な砲弾をあびるようになった。かくして、日本海軍の猛訓練による夜暗の戦術的利用は、レーダーの利用という科学的戦法にくっしたのである。

暮幕に膚接して敵陣地に接近

旧海軍は夜暗を利用する夜間肉薄雷撃戦を創出したが、旧陸軍も夜暗前後における視程の微妙な変化を戦術的に利用し、暮幕(ぼまく)に膚接(ふせつ)して黎明(れいめい)攻撃、薄暮(はくぼ)攻撃をおこなった。昭和時代の陸上自衛隊も同様だった。

一般的に日没と日出をもって昼夜の転換点とするが、日出前に払暁、日没後に薄暮という薄明の時間帯がある。地平線下の太陽光線が上層の大気に反射され、地表の明るさは刻々と変化する。薄明は三段階に区分される。

薄明の継続時間は、緯度、季節、天候などによりことなる。

第一薄明は地形の凹凸や植生が視認できるていどの微光がある。

第二薄明は視認距離が急速に縮小、拡大する、いわば昼夜間の転換点で、この微妙な時間帯を戦術的に利用する。

第三薄明は電灯なしで昼間同様に活動できる。

第一薄明の終わりから第二薄明の半ばごろまでは、視認距離がゼロから急速に伸びて数キロにたっし、やがて昼間と変わらなくなる。この時間帯が天明で、砲兵の観測射撃が可能になる。米陸軍や陸上自衛隊はこの時間帯をＢＭＮＴ（Beginning of Morning Nautical Twilight）といって重視した。

黎明攻撃は、夜暗を利用して攻撃発揮位置に進出、第一薄明を利用して敵陣地に近迫して突入、敵砲兵の観測射撃が可能となる天明までに目標を奪取する。

払暁ヨリ攻撃ヲ実行スルニアタリ、攻撃準備ノ位置ヲ敵前至近ノ距離ニ設ケ、黎明ヲ利用シ突撃ヲ行ウコトアリ。――略――黎明ヲ利用シ突撃スル場合ニオイテハ敵陣地内ノ戦闘特ニ天明直後ノ戦闘遂行ニアタリ歩戦砲（歩兵、戦車、砲兵）ノ緊密ナル協同ニ遺憾ナ

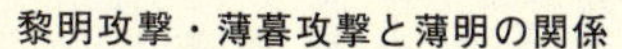
黎明攻撃・薄暮攻撃と薄明の関係

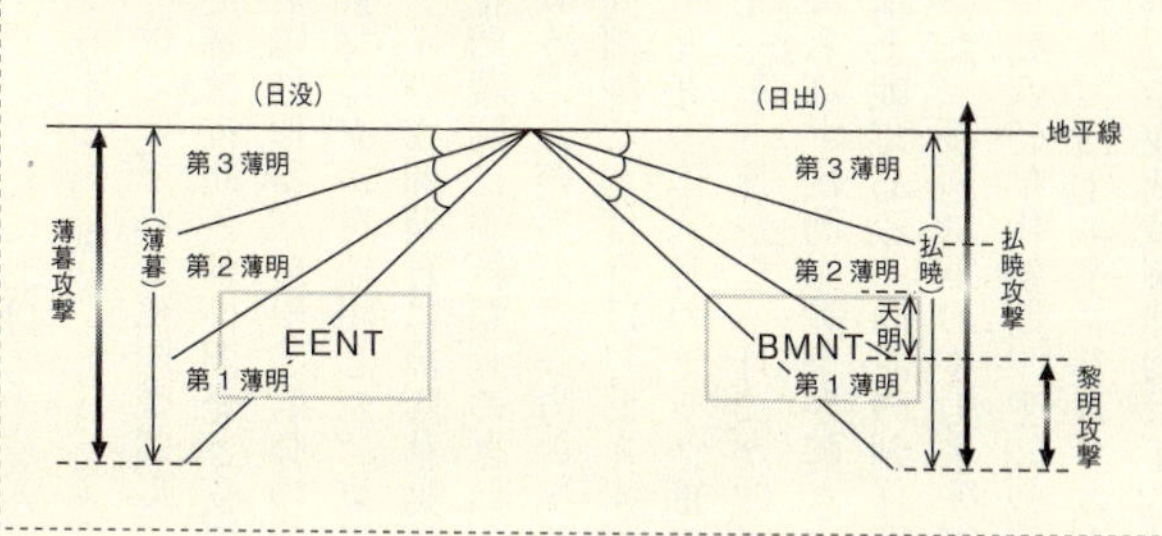

キヲ期スルヲ要ス。（『戦闘要務令』）

　薄暮攻撃とは、第二薄明の後半における視認距離が急速に縮小するタイミングを利用して、暮幕に膚接して敵陣地に近迫、視認距離がゼロとなると同時に敵陣地に突入する攻撃のことをいう。この時間帯をＥＥＮＴ（End of Evening Nautical Twilight）という。

　夜間攻撃ヲ実施スベキ時刻ハ一般ノ状況特ニ我が軍ノ日的ニヨリ変化スルモ、敵ノ状態ヲ洞察シ警戒ノ虚ニ乗ジ得ルゴトク選定スルコト緊要ナリ。而シテ夜ニ入ルト共ニ直チニ開始スルトキハ、往々敵ノ夜間行動ノ機先ヲ制シ得ベク……（『戦闘要務令』）

夜間の昼間化が常態となった

二十世紀末における暗視技術のいちじるしい進歩とともに夜間の昼間化が実現し、夜間戦闘の様相が大きく変化した。フォークランド紛争（一九八二年）における英軍の東フォークランド島における主要な戦闘、すなわちサン・カルロス上陸（五月二十一日）、グース・グリーンの戦闘（五月二十八日）およびポートスタンリー攻略作戦（六月十一日〜十四日）は、いずれも夜間戦闘だった。

英軍は夜間装備の開発と夜間訓練に熱心だった。英軍は偵察、射撃、射弾の観測・修正、ヘリコプターの夜間運行などに暗視眼鏡や操縦用暗視ゴーグルを使用した。東フォークランド島の泥炭地と岩石地では車両が使えず、ヘリコプターの夜間運行は部隊移動、装備・弾薬などの輸送に絶大な威力を発揮した。

夜間戦闘は訓練精到のきわみである。この点では、志願制の英軍は士気も高く訓練錬度もじゅうぶんだった。一方のアルゼンチン軍は徴募制で、訓練未熟な新兵が多く、まっとうな夜間訓練などはうけておらず、英軍の夜間攻撃に対して手のうちようがなかった。

一九九〇年八月のイラク軍の奇襲侵攻によるクウェート全土の軍事占領が契機となって、翌九一年一月から三月にかけて多国籍軍がクウェートからイラク軍を国境外に駆逐する、いわゆる第一次湾岸戦争が起きた。

地上戦である「砂漠の剣作戦」は、レーガン政権時代から始まった陸軍の近代化が完成していた、多国籍軍の主力米陸軍の独壇場だった。

一九八〇年代初期、T72戦車の登場により西側主力戦車の質的優位が逆転するという危機感から、M1エイブラムズ戦車の装備が急がれた。砂漠の剣作戦では、M1エイブラムズの卓越した夜間戦闘能力はT72戦車に対して完璧な技術的・戦法的な奇襲となった。

米陸軍主力戦車のM1A1（百二十ミリ戦車砲）に搭載したサーマル・サイト（熱戦映像装置）は、夜間、三千五百メートルの遠距離からイラク軍のT72戦車をとらえ、アウトレンジ射撃――敵は撃てないがわれは撃てる――で一方的に撃破した。

ソ連製のT72戦車は、百二十五ミリ滑腔砲、レーザー測遠機・アナログ式弾道計算機などから成るFCSを搭載、射程二千メートルにおける撃破能力の向上、自動装填機の搭載による八発／分の発射速度など強力な火力を特性とした。だが、肝心の赤外線暗視装置はパッシブ方式で、感知能力は一千メートル以下にすぎなかった。

陸自全体の夜間戦闘能力は低レベルで推移していたが、90式戦車の装備により、部分的にではあるが、ようやく欧米近代陸軍のレベルに追いついた。90式戦車のサーマル・サイト（熱戦映像装置）はM1A1戦車と同等の能力を有する。筆者も90式戦車に搭乗して「こんなによく見えるのか」と良い意味でのショックを受けたことを思い出す。

二十一世紀の今日、C4ISR――指揮・統制・コンピューター・通信・情報・監視・偵察――とネットワークの一体化が進み、昼夜の区別はほとんどなくなっている。

米陸軍旅団戦闘チームの騎兵戦闘車、ストライカー偵察車、高機動車HMMWVが搭載しているLRAS3はサーマル・イメージャーの遠距離監視システムである。

LRAS3はGPSにより目標の位置と自己位置を正確に測定し、十キロの遠方目標を六十メートル以下の誤差で標定し、正確でタイムリーな火力要求ができる。

LRAS3はFBCB2――旅団以下の戦闘指揮システム――とインターフェースしてお

り、斥候はＦＢＣＢ２を介して、発見した目標をリアルタイムで報告し、同時に野砲・迫撃砲の間接射撃を要求し、その撃破状況を目視で確認できる。

黎明攻撃、薄暮攻撃、天明、ＢＭＮＴ、ＥＥＮＴなどの用語は、米軍のマニュアルはもとより陸自の教範からも消えてすでに死語となっている。視認距離が刻々と移り変わるびみょうな時間帯を、名人芸のように活用する時代は終わったのだ。

とはいえ夜間攻撃がなくなるわけではない。

今日の米陸軍は近代的な夜間視察装置を装備し高度の訓練をつみあげた精強部隊であり、昼間攻撃と同様な方法で劣悪視界時の攻撃が実施できると、むしろサーマル視察装置を駆使した夜間攻撃を推奨している。

〝準備を周到にして敵を奇襲する〟という夜間攻撃の要訣は、古今東西変わらないが、現代戦においては、暗視装置の有無、質が決定的な役割をはたす。

強行軍

運動エネルギーの公式

戦闘力は機械学における運動量と同様、質量と速度の相乗積である。ナポレオンは勝利に不可欠なものとして運動エネルギーの公式【$E = M \times V^2 \div 2$】を具体的にあげている。Ｍは軍隊の質と量、Ｖは移動速度、移動速度Ｖは二乗の価値がある、と。

ナポレオンのやり方は一日に二十五マイル（約四十キロメートル）行軍し、戦い、そしてその後せいせいと野営につくことであった。ナポレオンは、これよりほかに戦いをおこなうすべを知らない、と参謀として本営に勤務したジョミニに語っている。当時の軍隊の標準的な行軍距離は、一日十五マイル（約二十四キロメートル）だった。

ナポレオン戦争をふりかえると、V^2をひたすらに追求した軌跡であることが理解できる。内線作戦により最短距離を最速で移動し、決勝点に戦闘力を集中して敵野戦軍の撃滅をめざしたのが、ナポレオンの終始一貫した戦い方であった。

戦闘は、一面から見れば、決勝点に対する戦闘力の集中競争である。所望の時期と場所に敵に優る戦闘力を集中するためには、迅速な機動力の発揮がカギとなる。

ノモンハン事件

昭和十四年当時の日本陸軍は、歩兵は徒歩行軍により、砲兵や輜重兵は馬を利用してノモンハンの戦場へと移動した。

一方のソ連軍は自動車、装甲車、戦車などによって部隊や装備を戦場に集中した。日本軍の策源地ハイラルからノモンハンまで二百キロ、ソ連軍の策源地である満州里支線のボルジャ駅、ヴィルカ駅からノモンハンまで七百五十キロだった。

関東軍の参謀は、後方連絡線の距離差五百五十キロを日本軍絶対有利の根拠として状況判断をおこない、自分のものさしで敵の能力を判定するという大失態をおかした。日本軍の兵站常識は、鉄道末端から二百キロが支援限界と考えられていたのだ。

歩兵第七十一連隊は、六月二十二日朝ハイラルを出発し、六月二十七日にアムログに到着した。ホロンバイル草原は、昼間は摂氏三十五度から四十度になり、水がなく、兵士は完全武装で三十キログラムもの個人装具を背負って、百八十五キロを五日間で徒歩行軍した。平均速度は三十七キロ／日、歩兵とは文字どおり歩く兵隊だった。

野砲兵第十三連隊は六月二十二日にハイラルを出発し、二十六日に将軍廟に到着した。連隊は輓馬（ばんば）編制で七・五センチ三八式野砲を装備していたが、野砲一門を六頭の馬が引いた。観測車（大隊本部、射撃兵中隊）、弾薬車（段列）も六頭の馬で牽引した。

ハイラルからノモンハンへ、徒歩行軍により、あるいは大砲を馬に引かせて、日本軍の各部隊は戦場へと向かった。第七師団から配属された歩兵第二十六連隊長須見大佐が、その光景を「天亀・元正の装備であった」と評している。天亀・元正とは戦国時代のことで、昭和十四年の帝国陸軍は戦国軍団の行軍とあまり変わらなかった。

須見連隊長が昭和十九年に自費出版した『実戦寸描』に、ハイラルから将軍廟までの二百十六キロを六日間で徒歩行軍（平均速度は三六キロ／日）したことが書かれている。一日の行軍行程は、最初の三日間は毎日三十二キロ、四日目四十八キロ、五日目二十一キロ、六日目は四十四キロだった。

荒漠地における炎天下連日の行軍行程が、きわめて不平均で少しも将兵の体力を考慮しない無茶苦茶の計画だったのは、「まったく水の関係」で、蒙古人の遊牧のごとく「一に水草を追ふて」おこなわれたからだ。水の補給の可能性が行軍行程を決めたのである。

中国大返し

天正十（一五八二）年六月二日夕、備中高松城を攻囲していた羽柴秀吉の本営に、京都本能寺で織田信長が殺されたという機密情報が入った。この瞬間から羽柴秀吉の天下取りが始まった。

秀吉は十一日後の六月十三日、山崎の合戦で明智光秀を討ち、明智の本拠地坂本城を陥落させ、さらに近江・美濃を平定して、二十五日後の六月二十七日に清州会議で織田信長の後継候補者としての地位を不動のものにした。

機敏な反転機動こそが、秀吉に天下を取らせた原点だった。

羽柴軍主力は、毛利軍主力の敵前で自主的な後退行動――敵と接触を断つための離脱、敵と間合いをとる離隔――をあえて断行し、高松城から姫路城までの八十キロを、荒天のなか四十キロ／日の強行軍をおこなった。

第二段は尼崎への強行軍である。羽柴軍は姫路城で作戦準備をおこない、六月九日姫路城を空にして出発、一一日午前中に尼崎に到着した。姫路〜尼崎はおよそ七十キロ、羽柴軍はこの間を二日半で移動した。平均速度は二七キロ／日だった。高松から尼崎まで百五十キロ、姫路での大休止をのぞくと、羽柴軍の行軍速度は平均三十三キロ／日だった。

賤ヶ岳の合戦

天正十一（一五八三）年四月二十日――。

無風だった江北戦線に、突如、一陣の風が吹いた。

二十日午前二時、柴田勝家の甥で鬼玄蕃といわれた佐久間盛政は、七千の兵を率いて行市山から尾根伝いに南進、余呉湖東側の大岩山（中川清秀）を奇襲攻撃して、十時ごろには大岩山一帯を占領した。大岩山は隘路口を制する要点である。この日、柴田軍団の本隊も、佐久間隊の行動と連携して、柳ヶ瀬から四キロ南の狐塚へと陣をすすめた。

この日正午頃、大垣城の羽柴秀吉のもとに、佐久間盛政による大岩山奇襲攻撃、守将・中川清秀の戦死、大岩山陥落などの情報がとどいた。

秀吉は「チャンス到来」とこおどりした。一ヵ月間静止していた戦線が動き出し、しかも、柴田軍団主力が防御陣地から裸で外へ出てきたのである。

秀吉は旗本をひきいて、午後四時に大垣城をたち、大垣から木ノ本までの十三里（五十キロ）を五時間の急行軍（時速十キロ）で踏破して、午後九時には木ノ本の集結地に到着した。実体はかけ走行軍だった。

「急行軍」は、短時間で所望の地点に到着するよう、行軍の速度を増し、休憩を減じておこなう行軍。秀吉は、よく知られているように、徴発隊を先行させ、沿道の農家に酒・食・湯のおけを準備させ、夜はたいまつをたいて、大軍の移動を容易にした。

秀吉はこの勢いをかって、翌二十一日朝から攻勢に転じ、主戦力の旗本（一万五千）を賤ヶ岳（海抜四二〇メートル）方向に投入して、半日の戦闘で柴田軍団を壊滅させた。

秀吉は、柴田軍団が壊乱するのを確認するや、全軍に追撃を命じ、退却する部隊と前後にまじりあって一気に越前に攻め入り、二十三日に勝家の居城北ノ庄（福井城）をかこみ、翌二十四日総攻撃により柴田一族を全滅させた。

中国紅軍の長征

毛沢東指揮下の紅軍は、一九三四年十月十六日から翌三五年十月二十日までの三百七十日間、革命根拠地の瑞金から新根拠地の延安までの一万二千五百キロを、国民政府軍と戦闘しながら機動した。世にいう長征である。平均三十二キロ／日、文字通りの強行軍に次ぐ強行軍だった。

紅軍の長征時、二百三十五日は昼間の行軍、十八日が夜間行軍、行軍しない時はほとんど戦闘に従事した。まる一日戦った大きな戦闘が十五回、平均して毎日一回は小さな接触戦をおこなっていた。通過した省は十一、占領した県城は六十二、六種類の異なった少数民族地域を通った。

その距離は、第一軍団が一九三六年に、預旺堡（よおうほう）で作成した記録では一万八千八十八華里（九〇四四キロメートル）であった。福建省の一番遠いところから、曲折迂回してやってきた一部の兵士が、二万五千華里（一二五〇〇キロメートル）を歩いたことはまちがいな

徒歩行軍速度（強行軍）の概略比較表

中国大返し	天正10年（1582）	平均33キロ／日	備中高松～姫路 （荒天の中、80キロを２日間で移動） 姫路～尼崎 （70キロを2.5日間で急行）
ナポレオン戦争	18世紀末	標準40キロ／日	内線作業において、最短距離で戦場に戦力を集中して敵主力と戦い、戦闘後野営した。
ノモンハン事件	昭和14年（1939）	平均37キロ／日	歩71連隊―酷暑、渇水、重装備 ハイラル～アムログ185キロ
中国紅軍の長征	1934.10.16 ～35.10.2	平均32キロ／日	瑞金～延安　12000キロ 370日間の戦闘行軍 兵力は十分の一に減じた

【旧日本陸軍の１日の行軍距離―標準】
●諸兵連合の大部隊―約24キロ　●騎兵の大部隊―40ないし60キロ　●自動車中隊―100キロ内外

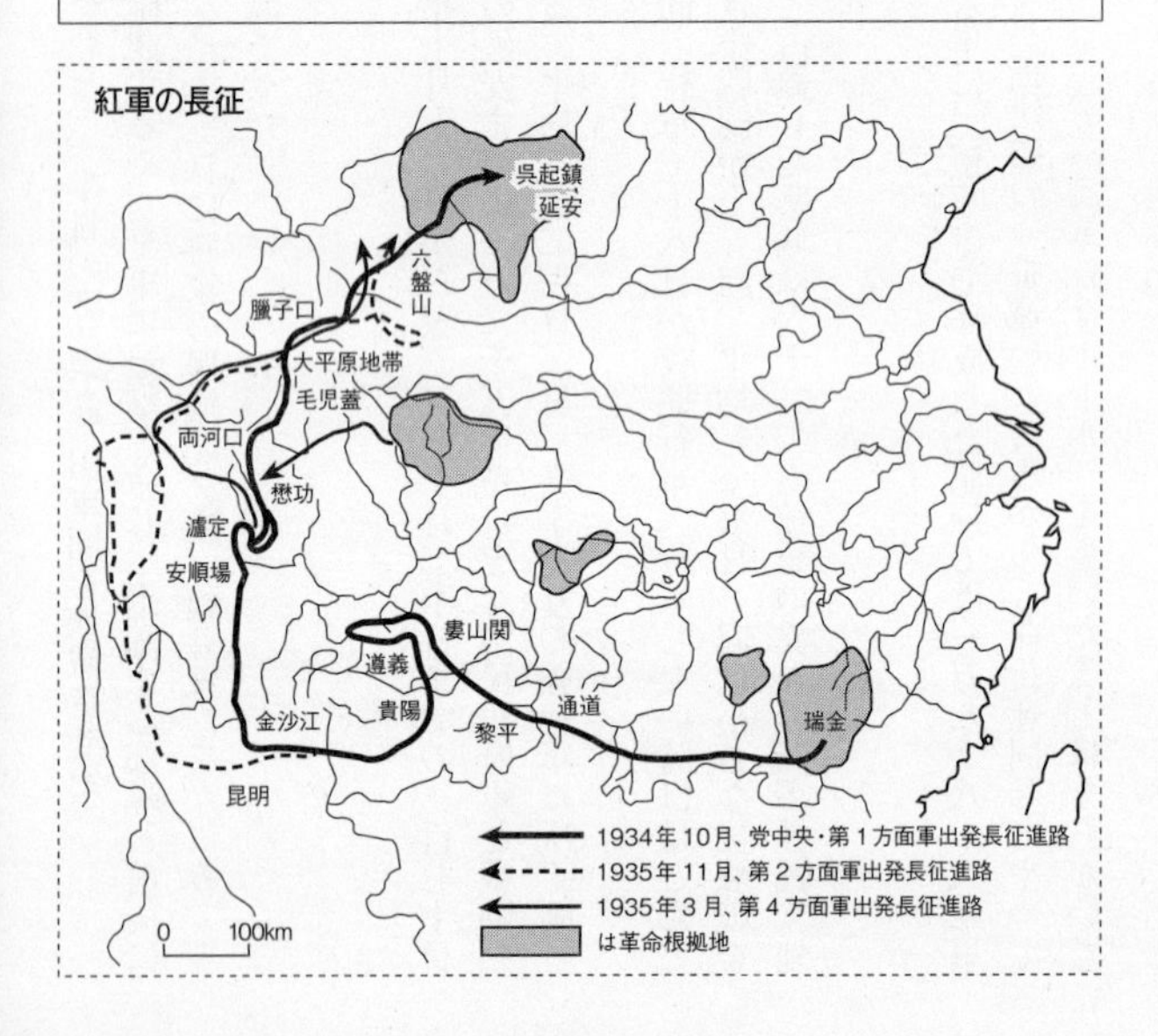

いが、短い方の距離でいっても、これは北アメリカ大陸の東西の幅を直線で往復したことに相当する。

北京から直線で西へ向かったとすれば、ごくおおざっぱな目分量であるが、アジア大陸、ヨーロッパ大陸を横断して大西洋岸に出られそうである。ハンニバルのアルプス越え、ナポレオンのモスクワからの敗走など、歴史上有名な遠距離行軍も問題にならない。（武田泰淳・竹内実共著『毛沢東　その詩と人生』）

ちなみに、ハンニバルのアルプス越えはカルタゴからイタリアまで三千キロ、ナポレオンのモスクワからの敗走は一千キロである。毛沢東が直接指揮した第一方面軍は、出発時に十万人いた兵士が、長征を終えたときは七、八千人に減じていた。

行軍の目的

行軍とはA点からB点へ部隊が移動することをいう。手段として徒歩行軍、車両行軍、徒歩と車両の組み合わせによる行軍がある。実施時期により昼間の行軍、夜間の行軍があり、要領として強行軍と急行軍がある。

作戦要務令に［状況ニヨリ日々ノ行程ヲ増大シテ強行軍ヲ行ウヲ要スル］［状況ニヨリ短時間ニ所望ノ地点ニ到達スル如ク急行軍ヲ行ウヲ要スル］とある。

基本的には一時間四キロ、一日の行程約二十四キロ、昼間の行軍を標準とした。夏季炎熱を避け、敵機甲部隊の脅威を避けるためなどの場合に夜行軍を有利とするとしている。

行軍は歩くこと自体が目的ではない。

目的地到着以降の任務・行動のため、戦力を推進する一つの手段である。攻撃または防御のために、集結地または防御配置に最適の状態――完全な戦闘力を発揮できる状態――で到着することが主眼となる。したがって、目的地には早く到着したが、疲労こんぱいで戦闘力の発揮が困難、ということでは行軍の目的は達成できない。

とはいえ、戦闘状況下においては、当然ながら標準を超える要求が発生することは否定できない。この標準超えの行軍が強行軍である。この場合においても、最適の状態で目的地に到着するという行軍の目的は変わらない。

米陸軍といえば車両部隊とのイメージがあるが、彼らは徒歩行軍を軽視していない。

今日の米陸軍旅団戦闘チームには装甲・装軌車化の重旅団戦闘チーム、完全車両化のストライカー旅団戦闘チーム、軽歩兵主体の歩兵旅団戦闘チームの三タイプがある。

歩兵旅団戦闘チームには空挺、ヘリボーン、レンジャー、山岳、純粋の歩兵などの多様なタイプがあり、中核となる機動部隊の歩兵大隊は自前の車両をほとんど持たない。歩兵大隊は、必要な場合は車両を増強されるが、徒歩行軍を主たる移動手段としている。

米陸軍の『FOOT MARCES』（FM21-18）によれば、米陸軍は世界のいかなる地域でも任務を遂行するという前提で、徒歩行軍の全体像をきめ細かく規定している。

通常の徒歩行軍は、一時間四キロのペースで八時間歩き、一日三十二キロを標準とし、強行軍（Forced Marches）の場合は二十四時間で五十六キロ、四十八時間で九十六キロ、七十二時間で百二十八キロをこえないことが基準となっている。

接敵行軍

移動間に敵と接触するか、あるいは敵との戦闘が予期される場合、「接敵行軍」という戦闘を予期した隊形で行軍をおこなうのが常識だ。

この場合、通常、掩護部隊を前方に出し、その掩護下で主力部隊が前進する。掩護部隊の任務は、敵情を偵察し、敵の規模・行動などを報告し、戦闘が起きたときには主力部隊の戦闘加入を容易にすることである。当然ながら、掩護部隊も主力部隊も戦闘準備をととのえて——いつでも戦闘にはいれる態勢で——敵方に向かって前進する。

このような「接敵行軍」は、幕末に高野長英が翻訳した『三兵答古知幾』（一八四七年訳了）の行軍編にも明記されている。二十年後の鳥羽・伏見の戦い（一八六八年）で、旧幕府軍上級幹部は軍事常識の欠如を露呈し、緒戦でみじめな敗北をきっした。

慶応四（一八六八）年一月三日午後五時ごろだった。京都の南方、鳥羽街道が鴨川をわたる小枝橋ふきんで、大砲・小銃に弾をこめ、逆八の字の隊形に戦闘展開して待ちかまえていた薩摩軍に対して、大坂から北上してきた旧幕府軍は、通常の行軍隊形のまま強行突破をこころみた。

このとき薩摩軍が不意急襲射撃をあびせ、旧幕府軍は大混乱におちいった。このようにして、鳥羽・伏見の戦いが始まり、四日間の戦闘で、数的には三倍優勢だった旧幕府軍は一方的にやぶれた。小枝橋ふきんの戦闘で、旧幕府軍は戦術的な誤りを二つおかしている。

その一は、旧幕府軍が「接敵行軍」の隊形をとっていなかったことだ。つまり、薩摩軍との戦闘を予期しておらず、掩護部隊のかわりに見回組み（刀槍の武装で、小銃は持っていない）を先頭に出すという、戦術常識を欠いた行軍隊形だった。

その二は、「凹角に突入するな」という、戦術のイロハに反していることだ。薩摩軍の逆八の字陣地――旧幕府軍から見ると凹角――に、旧幕府軍は何の準備もなく不用意に突入して、正面および左右（両側面）から一方的に薩摩軍の射弾をあびた。

当時の旧幕府軍には歩兵隊・フランス伝習隊といった洋式部隊があり、最新のミニエー銃やシャスポー銃を装備し、薩摩軍（洋式部隊）と同等の戦闘力があった。問題は、旧幕府軍にはこのような部隊を運用し指揮できる司令官・指揮官がいなかったことだ。

幕府には文官を養成する昌平黌（湯島聖堂）はあったが、武官を養成する士官学校がなく、司令官や部隊指揮官は能力や人物に関係なく門閥世襲でポストについた。洋式部隊は作ったが、これらを指揮できる人材の育成がまにあわなかったのだ。

歩兵・騎兵・砲兵の三兵から成る洋式部隊は、専門教育を受け、経験をつんだ職業軍人でなければその機能を発揮させることができない。門閥世襲という封建制度では近代化された軍隊を運用できないということ、すなわち洋式部隊というハードを整備しても、指揮官というソフトがいなければ機能しないということだ。

戦場——実相・心理

戦場の実相—軍中枢と現場の落差（旧陸軍の場合）

旧陸軍が編纂した『戦術学教程』（昭和十六年印刷）は、「戦闘の実相」という章をもうけて、［戦闘ニ現出スル各種ノ事象］および［戦場ニ於ケル軍人及軍隊ノ心理状態］を記述している。戦時下における士官養成教育の教科書としては当然の内容といえよう。

戦闘に現出する各種の事象

一、戦闘は危険と惨烈とを伴うを必然とす
二、戦闘は甚しき困苦欠乏を伴うを常とす
三、情況の不明と戦況不測の変化とは戦場の状態なり
四、戦闘にはややもすれば各種の錯誤を伴い易し
五、軍隊の戦闘能力は平時と趣を異にすることあるを免れず
六、戦闘に於いては簡単にして且つ精熟せるにあらざればその実効を発揮する能わず

（『戦術学教程』昭和十六年印刷）

日本陸軍はノモンハン事件（昭和十四年）で本格的な近代戦を体験し、近代化されたソ連

軍の火力に徹底してたたかれた。この痛烈かつ深刻な戦場体験は陸軍近代化への警鐘だったが、教訓をいかすことなく二年後に大東亜戦争に突入した。

陸軍が手をこまねいていたわけではなく、参謀本部と関東軍の関係者による合同研究委員会を設置し、『研究報告』を陸軍三長官（参謀総長、陸軍大臣、教育総監）に提出した。内容は「ノモンハン事件より得たる直接の教訓に基き統帥綱領、作戦要務令等の改正に資すべき事項及将来研究を要する事項」を主体に記述し、陸軍の抜本的改革の必要性には言及していない。

教育総監部は『ノモンハン事件小戦例集』を発行して、軍隊教育の資とした。「ノモンハン事件に於ける小部隊の戦闘中極めて困難なる状況に対処してこれを克服せる戦例ならびに失敗に終われる戦例」など五十例をとりあげ、各戦例に要図をつけて、「一般の状況」「戦闘経過」「教訓」を記述し、近代戦の実相を知る好資料となっている。

結果論的に言えば、『研究報告』、『ノモンハン事件小戦例集』のいずれも、陸軍の抜本的な体質改善には寄与しなかった。委員会を立ち上げ、検討し、何らかの成果を得ても、それをフォローする「実行計画」として具体化し、かつ実行に移さなければ意味がないのだ。研究しただけで満足するという日本的官僚システムの悪しき例である。

敵に関する認識において、軍中央部（大本営陸軍部）と現場の実態の落差は、絶望的なまでに大きかった。司馬遼太郎は、昭和十九年五月一日、第十一期幹部候補生として旧満州の四平陸軍戦車学校に入校し、八ヵ月間、戦車小隊長の教育を受けている。

四戦校では兵棋(へいぎ)演習で対戦車戦闘を教育した。箱庭（砂盤）に道路や丘陵などの地形地物を作り、将棋の駒ぐらいの木製の戦車を置いて、これらを動かしながら敵戦車との戦い方を教育した。これはソ連軍戦車部隊との戦闘を想定したものだった。

四戦校での教育は、太平洋の島々や大陸で米・英軍と死闘しているという現実を無視した観念的なものだった。当時すでにサイパン島、レイテ島が米軍に占領されていたにもかかわらず、相も変わらず対ソ戦だけを教育していたのだ。

軍中央部が従来の対ソ戦重視の態勢から反転して、教育訓練、情報収集の重点、戦法研究などを対米重視に切り替えたのは、米軍の反攻が次第に激化してきた昭和十八年後期からであった。（堀栄三著『大本営参謀の情報戦記』）

昭和十八年後期といえば、太平洋戦争の開戦からすでに二年が経過している。米軍を主敵として開戦したが、陸軍中央部の米陸軍や海兵隊に対する関心はうすく、米軍情報の累積研究はないにひとしく、また現実の作戦情報もほとんどなかった。このあたりの事情は、堀栄三著『大本営参謀の情報戦記』に詳しい。

堀栄三は、昭和十八年十月、陸軍大学校卒業後、大本営陸軍部第二部に情報参謀として発令された。堀は第六課（米英担当）に配置され、『敵軍戦法早わかり』を作成するが、概成したのは十九年五月、印刷完成は十九年九月だった。この間、十九年七月にはサイパン島が失陥して絶対国防圏がくずれ、サイパンは日本本土空襲の拠点となった。
『敵軍戦法早わかり』は、全九章八十一ページ、付表十一、付録一から構成された実戦的な実用書だった。とくにガダルカナル島からサイパン島、グアム島に至るまでの、米軍が行なった戦闘のナマの情報を整理分析して一覧表としたものは、第一線部隊が血であがなった貴重な内容だった。だが、タイミングを失した情報には何らの価値もない。

戦場は部隊・兵員間の殺し合いの場所であるが、敵と直接戦闘を交えた第一線部隊将兵には、また別の戦場の実相があった。

英国のウェーベル元帥は、戦後ケンブリッジ大学の講話の中で、戦場の指揮官は、第一に糧食（パン、塩、米など）と資材（弾薬、医薬品など）を与えること、第二に実際感覚（環境変化の本質をつかむ）があること、第三に親切であり、かつきびしくあること、が必要だと述べていますが、実はこれはギリシアのソクラテスの訓え（おし）なのです。ところが思い出してみると、さきの戦争で、何とこの古くからの訓えが実行できなかったことか。陸軍も海軍もこれができなかったのです。（長嶺秀雄著『戦場　学んだこと、伝えたいこと』）

著者の長嶺秀雄は、レイテ島作戦に第一師団歩兵第五十七連隊――原駐屯地は佐倉――大隊長として参加、リモン峠の激戦を生きぬいたきっすいの軍人。戦後は陸上自衛隊で勤務し、退官後は防衛大学校教授として、後進の指導にあたった。

戦場といっても、銃弾の飛び交う死の危険に満ちた環境もあれば、作戦の合間にのんびりと生を楽しむ期間もある。『戦場　学んだこと、伝えたいこと』には、大隊長として文字通り部下と生死を共にした著者が、戦場のさまざまな姿を活写している。戦場の生活、戦闘、部下の掌握、終戦の四章で構成され、戦場の実相を知る貴重な書である。

戦場を描いた著作は数え切れないほどあり、いずれもそれぞれの戦場の実相をリアルに伝えている。戦場のとらえ方はその立場により千差万別であるが、兵隊の視点から戦場の実相をえがいた作品の一つに、芥川賞作家・火野葦平の兵隊三部作がある。

これらは『土と兵隊』（杭州湾敵前上陸記）、『花と兵隊』（杭州警備駐留記）、『麦と兵隊』（徐州会戦従軍記）で、第二次上海事件から日中全面戦争へと発展する作戦に、予備役として召集され、十三人の兵隊を指揮する分隊長（陸軍伍長）として、次いで中支派遣軍報道部所属として参加した著者の、戦場ルポルタージュである。

中国の戦野は、ノモンハンのような無住の地ではなく、人々が住み生活する大地だ。他人の地に土足で踏み込み、そこを戦場とした軍隊、その末端の兵隊たちの生活——行軍し、戦闘し、徴発し、戦闘の合間に爆睡する姿——が赤裸々につづられている。

そこは近代戦とは縁遠い戦場だが、住民とのトラブル、捕虜の虐殺などもあり、日本軍が中国で何をしたのかを考えさせられる一書ではある。

戦闘ストレス患者の発生

長嶺秀雄著『戦場　学んだこと、伝えたいこと』に、富士の総合火力展示演習を評して、「あんなものは火力ではなく、射撃だ」と戦場体験者らしいコメントが載っている。あの火力（射撃？）の下に身をさらしたらどうなるのか？

伊藤桂一の戦場小説『静かなノモンハン』は、ノモンハン事件に応急出動した第七師団の三人の兵士が主人公。「一の章・あの稜線へ—鈴木上等兵の場合」に、戦場に到着すると同時に戦闘加入し、いきなりソ連軍の大火力をあびる場面がある。

私たちは、生死の間の、短い時間の中で、きびしい教育をされたわけですが、その教育にたえられず、脱落した者もいます。一種の、心神喪失の状態になってしまって、砂の上にポカンと坐り込んでしまっている者もいたのです。それを突きとばして伏せさせるのですが、うつろな眼をするようになってしまっては、狙撃の的になるだけです。（伊藤桂一著『静かなノモンハン』）

小説にえがかれたのは、第六軍——ノモンハン地区の各部隊を一元指揮すべく八月四日に新編された——が実施した攻勢移転の一場面。ホルステン河南岸地区における、左翼隊歩兵第二十八連隊（第七師団）が攻撃を開始した直後の状況だ。

八月二十五日午後一時過ぎ、左翼隊（歩兵第十四旅団）は、歩兵第二十八連隊を右第一線、歩兵第二十六連隊を左第一線とし、砲兵の協力射撃に続いて攻撃前進にうつった。しかしながら歩兵が攻撃を開始するや、ソ連軍の火砲、重火器による猛火をあび、わが第一線の攻撃はほとんど進まず、戦場は混沌のうちに夜をむかえた。

歩兵第二十八連隊は、八月一日駐屯地のチチハルを出発、汽車でハイラルへ移動し、ハイラルから将軍廟まで（二百十六キロ）で徒歩行軍し、二十三日に交戦区域＝戦場へ入った。

砂の上にポカンとすわりこんでしまった兵士は、長嶺大隊（第一師団）がレイテ島のリモン峠で浴びたのと同様の、想像を絶する火力の洗礼を受けたのだ。

捜索隊第一中隊戦闘詳報は「砲弾ノ落下ハ概ネ一分間百二十発ヲ算シ、又陣地一平方米ニ一発ノ割合」であるとソ連軍火力殲滅戦の実情を記している。長嶺大隊長は「わが大隊の陣地など毎日数千発の砲弾を受ける状況」だったと述べている。

大陸で中国軍相手に戦っていた日本軍にとって、予想もしなかったような近代火力の洗礼で、これこそが近代戦の実相だった。この傾向は、軍事技術のいちじるしい進歩発展により、第二次世界大戦後は一層顕著になっている。

今日、西側のいかなる国の陸軍も、戦闘ストレス（Stress in Battle）患者の発生予防および治療を専任とする組織を持っていないが、このような現状はきわめて問題である。近代兵器の高破壊力が戦死傷者を増加させるのと同時に、兵員の精神に混乱をもたらす機会および体験が増加するであろうことは疑問の余地がない。さらに、恐怖やショックのために戦闘能力を失った一兵士は、敵弾に倒れた一兵士が部隊全体の任務遂行に大きな影響を与えるのと同様の意味を持つ。

現代戦の様相から、陸軍は、戦闘ストレス患者の発生をいかにして予防し、かつ彼らを治療するか、という問題を避けて通ることはできなくなった。もしこの問題を放置すれば、（将来）部隊は戦闘力の激減という危険に直面するであろう。（ガブリエル少佐論文『戦闘ストレス患者の現場治療』「ＡＲＭＹ」誌一九八二年二月号）

ガブリエル少佐の論文は、西側の主要な陸軍の中で、唯一の例として、戦闘ストレス患者の問題に真正面から取り組んでいるイスラエル国防軍（ＩＤＦ）をとりあげている。一九七三年の十月戦争（第四次中東戦争）で戦闘ストレス患者が大量に発生し――戦死傷者の三分の一――、影響は甚大だった。ＩＤＦは、参謀総長直轄機関として「心理行動科学部」を創設、第一線師団に「戦闘心理官（Battle psychologist）チーム」を編成した。

心理行動科学部は、各種調査質問集の起草、全野外データの分析、予防・治療のための戦略の開発、野外における戦闘心理官チームの行動の統制・調整が主要な任務だった。戦闘心理官チームは、師団レベルでは六人の戦闘心理官と一人の軍牧師で構成し、師団内の旅団に二人の戦闘心理官を派遣した。彼らは、旅団長以下各級指揮官および中央幕僚機構に対して、戦闘ストレス患者の発生予防と治療の責任をおった。

少佐の論文は、患者治療の方法——仮眠、食事、衣服の交換、覚醒後に戦闘心理官と徹底して話し合うことなど——や、レバノン侵攻時（一九八二年）における戦闘心理官チームの有効性などを、具体的なデータを提示しながら述べている。レバノン侵攻時における戦闘ストレス患者は、戦死者の二倍だったといわれる。

現場治療は戦闘地域の少し後方の安全地帯で行なわれ、患者の八十パーセントが原隊に復帰し、原隊にいる限り再発はほとんどなかった。残りの二十パーセントは後方の特別センターに送られたが、だれ一人として前線に復帰したものはなかったようだ。

一九八〇年代初期、米陸軍は新ドクトリン「エアランド・バトル」の実現にまいしんし、当時最も戦闘経験豊富なイスラエル軍に学ぼうとい気配があった。この具体的な例として、『ミリタリー・レビュー』や『アーミー』などの各種軍事誌で、ＩＤＦに関する記事が掲載されるようになり、本稿で紹介した論文もその一つだった。

当時は、ソ連軍がアフガニスタンへ軍事侵攻し、極東ソ連軍の北海道侵攻もあり得るといわれた時代だ。筆者は、本論文を抄訳して機関紙『富士』（昭和六十年八月号）に投稿した。筆者なりに、「戦闘ストレス」という戦場の現実を部隊・隊員に知らしめたい、との思いがあった。

戦闘における戦死傷の発生

戦闘において、戦死者、戦傷者の発生は避けられない。

前出『静かなノモンハン』の鈴木上等兵は、攻撃前進間に、左の肩のつけ根から右の脇の下へぬける機銃弾により負傷した。鈴木上等兵は自力で「仮包帯所」（数人の衛生兵のみ）へ下がり、さらに後方の「野戦病院」（少数の軍医と衛生兵、幕舎のみ）で応急処置を受け、トラックでハイラルの第一陸軍病院に後送されて本格的な治療を受けた。

戦闘激烈ニシテ傷者続出スルニ至レバ所要ニ応ジ歩兵隊ハ其ノ隊附衛生部員ノ一部、補助担架兵及衛生材料ヲ以テ包帯所ヲ開設シ傷者ヲ収療ス。（一部略）包帯所ニ収容シタル患者中戦闘ニ堪フル者ハ必要ナル処置ヲ施シタル後直チニ戦線ニ復帰セシメ其ノ他ハ徒歩又ハ担送ニヨリ後方衛生機関ニ到ラシム。（『作戦要務令』第三部第二百十一）

日露戦争における「奉天会戦」の死傷率は二十八パーセントだが、ノモンハン事件に終始参加した第二十三師団は七十パーセント、後半から参加した第七師団は三十パーセント。ちなみに、鈴木上等兵の歩兵第二十八連隊は、戦死五百六十八人、戦傷六百七十九人だった。

昭和十二年七月七日、北京郊外盧溝橋付近で日本軍と支那軍が武力衝突し、これが発端となって支那事変がはじまった。日本軍は七月三十日に天津を占領、八月八日に北京へ入城して事変は平定と思われた。ところが翌九日、上海で、海軍特別陸戦隊の大山海軍中尉と斉藤一等水兵が射殺される事件がおき、八月十三日陸戦隊は支那軍と交戦状態となった。

（昭和十二年）八月二八日午後、「朝日丸」は着剣した陸戦隊員が警備する上海郵船埠頭に横づけしました。桟橋の上は、担送患者やトラックでぞくぞくと到着する内地への転送患者でいっぱいでした。ほとんどが陸軍兵で、繋留作業が終わるとただちに船内収容がはじまりました。収容口で軍医官が予診して各科へ分け、ただちに手術が必要な患者は手術室へはこばれましたが、手術室前の通路は手術をまつ患者の担架でふさがってしまいました。上海について一時間もたたぬうちに、手術室ははやくも全力対応となったのです。この間にも、時々、黄浦江のわが駆逐艦の艦砲射撃が殷々ととどろき、戦場のまっただなかにきたと感じたのでした。（木元定著『海軍衛生士官回想記』私家版、著者は「朝日丸」手術室次長だった）

八月二十二日上海派遣の陸軍部隊（第三師団先遣隊）がウースンに上陸し、さらに十一月五日柳川兵団（第十軍）が杭州湾北岸に敵前上陸した。このように戦線は北支から中支へと拡大し、頑強な敵の抵抗で日本軍は予想外の多数の戦死者と戦傷病兵を出した。

火野葦平著『土と兵隊』は杭州湾に敵前上陸した歩兵第百十四連隊（小倉）の火野分隊が主人公である。杭州湾に敵前上陸した部隊は逐次増強され、やがて中支那派遣軍へと発展し、戦線は徐州会戦――『麦と兵隊』の舞台――へと拡大する。

当時の国民は、戦勝のみが大きく報道され、真実を知らされていなかった。現実には、戦死九千人、戦傷三万一千人の合計四万人におよぶ戦死傷者が出ていたのだ。

このような情勢の中で、「朝日丸」（約一万総トン）が民間から徴用され、大型の海軍病院船として就役した。朝日丸病院は軍医大佐以下八十一名の陣容で、患者収容数は百二十人だった。「朝日丸」は不眠不休で戦傷病兵を収容治療し、佐世保～上海間一四往復に全力をあげたが、『海軍医務・衛生史』にはこの活動の記録が載っていないようだ。

（※「朝日丸」は昭和十三年四月、修理中に横倒しとなり、この事故で保管文書が水没し、記録が失われた）

国家の機能が正常にはたらいているうちは、第二次上海事件の「朝日丸」のように、病院船による患者の収容、治療、後送も可能だったが、中国戦線の拡大、太平洋戦争への突入となり、やがて太平洋の島々や大陸で「餓島」・「白骨街道」といった悲惨な状況となった。弾薬・糧食の補給の途絶はもとより、戦死傷者の治療・後送も不可能となった。

（歩兵第二十六連隊長）須見大佐の話では負傷者の後送はきわめて困難だったが、遺体を運ぶ方がもっと大変だったという。例えば一人の遺体を運ぶのに普通は何も荷物を持っていない兵士四人が必要だった。このような作業はこうした作戦でこそ確かに重要な仕事であったが、平時の部隊訓練では注意を払われない予想外の任務であった。（アルヴィン・D・クックス著『ノモンハン①［ハルハ河畔の小競り合い］』朝日文庫）

ハルハ河左岸から最後に撤退した歩兵第二十六連隊が、連隊と連絡がとれなかった第一大隊（安達大隊）救出のため、夜襲をおこなったときの情景である。敵の圧迫下における戦死傷者の後送、装備品の後送などは、平時の訓練では想像もできないことがおきる。

現代戦の大破壊力という特性にかんがみ、各国陸軍は現場治療を重視する。

イスラエル国防軍は、兵士の損耗にきわめて神経質である。少ない人口で国防をまっとうしなければならないからだ。主力戦車「メルカバ」の車体前部にエンジンを搭載しているのも、被弾による戦車乗員と弾薬の安全を守るためである。

イスラエル軍では、軍医が戦車大隊に配置され、負傷者を現場で応急手当し手術する。重傷の場合は、救護ヘリを現場近くに呼んで患者を後方の病院施設まで搬送する。このようなシステムがととのっておればこそ、第一線の将兵は安心して戦うことができる。

米陸軍ストライカー旅団は二十一世紀型のハイテク部隊である。

旅団全体の衛生支援を「旅団支援衛生中隊」が担当し、中隊本部、治療小隊、後送小隊、予防衛生班、精神衛生班で構成されている。

治療小隊は、治療班（機動大隊を支援する二個治療チーム―高機動車）、地域支援治療分隊、地域支援分隊および患者収容分隊（上位段階へ後送する患者の一時待機、軽度患者の七十二時間以内の原隊復帰のための治療）から成る。治療小隊には、外科、内科、野戦外科、野戦内科の軍医十三人が所属し、旅団全体の現場治療のうしろだてとなっている。

後送小隊には十個の後送チーム（ストライカー救急車）がある。

予防衛生班は兵員の健康に対する脅威評価、部隊防護、環境衛生設備、防疫、衛生施設の構築、ペスト管理などの助言および解決策の提案をおこなう。

精神衛生班の専門将校と補佐の特技兵は、兵員の戦闘ストレスを管理し、心理面におけるストライカー旅団の戦闘力を維持する。

ストライカー旅団の歩兵大隊には、大隊の衛生支援を担当する「直轄衛生小隊」がある。衛生小隊は小隊本部、治療分隊（外科チーム、内科チーム）、後送分隊（ストライカー救急車四両）および衛生兵派遣班から成る。治療分隊には軍医二人（外科×一、内科×一）が配置されている。

ストライカー救急車は負傷者を現場から中隊患者収集点へ、収集点から大隊収容所へ、あるいはさらに上位段階の衛生施設へ後送する。衛生兵は衛生兵派遣班から小銃小隊に一名、小銃中隊本部に一名派遣される。

パニック―戦場の異常心理

戦場体験のない自衛隊・自衛官にとり、戦場の実相・心理は未知の分野である。もちろん筆者自身も戦場体験はゼロで、本物の敵と向かい合ったことはない。とはいえ、部隊を指揮統率した経験からいえば、戦場の実相・心理を知りたいという思いは、意識の底に沈殿したオリのような、あるいはのどに刺さった小骨のような、もどかしい課題だった。

太陽は全く草原のかなたに沈んだ。沈みきった司令部の空気の中に、突然、右前方に四、五十名の将兵が雪崩れをうって気狂いのように退がってきた。「おッ、崩れたッ」という声がだれならともなく聞こえた。（辻政信著『ノモンハン』原書房）

昭和十四年八月二十四日、ノモンハン戦線、日没後の第二十三師団司令部前の情景だ。雪崩れをうって退がってきた一団は、右翼隊歩兵第七十二連隊の将兵だった。

ソ連軍の大攻勢から四日目、二十三師団の防御態勢はあらゆる所でほころびていたが、新編されたばかりの第六軍は、ソ連軍の大攻勢を捕捉撃滅のチャンスととらえ、無謀にも攻勢移転を計画、その実行中における潰走（パニック）だった。

パニックにいたった原因は複数の要因——ソ連軍の想像を絶する火力、連隊長・大隊長・中隊長など指揮官の戦死傷による指揮系統の混乱、ソ連軍戦車によるじゅうりん、軍旗の後退など——が複雑にからみ、単純にはわりきれない。

これらにくわえて、日没後の夜の闇が将兵の恐怖心を増幅し、なにかのはずみで精神のバランスがくずれ、パニックが一瞬の間につたわり、部隊の潰走につながったのであろう。

公刊戦史（『関東軍1』）もこのパニックを事実として認めている。

この潰走こそは、火力戦思想と白兵銃剣突撃思想の対決（比較検討）の結論であり、近代陸軍へ脱皮するための貴重な警鐘だった。

不軍紀に起因する残虐行為――戦場の異常心理

日中間にトゲのように突き刺さっている「南京虐殺」の問題は、盧溝橋(ろこうきょう)の偶発的な戦闘(昭和十二年七月七日)が支那事変(日中戦争)へと発展し、中支那方面軍の南京攻略作戦における南京占領(同年十二月十三日)の際に発生した。

日本軍による捕虜、敗残兵、便衣兵および一部市民に対する集団的、個別的な虐殺事件が発生し、強姦、略奪や放火もひんぱつした。犠牲者数には諸説があるが、中国政府が主張する三十万人大虐殺は政治的な数値で、一九四七年の南京戦犯裁判軍事法廷の判決に依拠している。(『日中歴史共同研究』資料を参照)

焼く、犯す、殺す――という所業は、戦場における三悪である。日中戦争初期においては、この種の事例がかなりあったことを認めねばならない。それ以前の戦争や事変においては、日本軍はよく戦場でのモラルを考えていて、いたずらに暴挙に走らなかったのは、北清事変での記録などが証明している。(伊藤桂一著『兵隊たちの陸軍史』)

残虐行為とは、非戦闘員――戦うことを放棄・降伏した兵士、民間人など――を殺すことをいう。現代戦とくにLIC(低烈度紛争)における対ゲリラ戦、対テロ戦などでは、戦闘員と民間人を区別することが困難という現実がある。

残虐行為は、古来、戦争につきものだが、正直なところ目をそむけたくなる。だが、人間としてやってはいけない行為、許されない行為であり、とくに軍隊を指揮統率する立場にある者は、戦場における残虐行為に目をつぶってはいけない。

戦場における残虐行為を直視し、反面教師とすることは当然である。温故知新、北清事変（一九〇〇年）で賞賛された日本軍（第五師団）のように、指揮官の断固とした統率のもと軍紀厳正な行動をとった例もある。

（北京城突入後）八ヵ国はそれぞれ占領区域を分担したが、治安が最も良好であったのは、日本軍占領区であり、アメリカがこれについだという。日本の軍区には、他地区から住民が流れこんできた。当時の日本軍は軍律がきびしく、また、籠城以来、外国人にも賞賛された柴五郎中佐の人柄のせいでもあっただろう。（陳舜臣著『中国の歴史近・現代篇①』講談社文庫）

義和団の騒乱、外国使館の北京籠城五十五日間、八ヵ国連合軍（日・英・仏・露・独・墺・伊・米）の北京城突入後の略奪暴行（破壊、放火、残虐行為、強姦、殺人）など、清朝末期の混乱期における狂気のなかで、当時の日本軍の行動はういういしかった。

明治維新（一八六八）から三十二年、日清戦争後の三国干渉（一八九五）から五年、北清事変は新興国日本が国際社会へ本格的にデビューした第一歩だった。

北清事変は、日本の軍隊が諸外国の軍隊と初めて行動をともにした、まさに画期的な軍事行動。当時の日本は、国際的な地位向上のため、日本が文明国であることを身をもってしめすことを重視し、軍隊に厳正な軍紀厳守をもとめたのである。

北清事変に関する本格的な研究書はほとんどなく、『北清事変と日本軍』(斎藤聖二著、芙蓉書房出版)が唯一といえよう。読み物としては『北京籠城・北京籠城日記』(柴五郎・服部宇之吉著、東洋文庫)がある。この二書は当時の日本軍の行動を知る好著だ。

戦場心理学をいかに学ぶか

戦場は死と隣り合わせだ。そこは、敵を殺し、また敵から殺される、不条理の世界である。だが、戦場に在る兵士の立場はさまざまだ。

敵を殺すことに対する心理は、空中から爆弾を投下する爆撃機の乗員、ミサイル・野砲を発射する砲兵、サーマルサイトで照準して射撃する戦車乗員などと、敵と直接顔を合わせる歩兵の心理状態は、当然ながらことなる。

心理学者にして歴史学者、そして軍人でもあった著者が、戦場というリアルな現場の視線から人間の暗部をえぐり、兵士の立場から答える。米国ウエスト・ポイント陸軍士官学校や同空軍士官学校の教科書として使用されている戦慄の研究書。(『戦争における「人殺し」の心理学』の解説)

著者のデーヴ・グロスマンはきっすいの軍人で、陸軍士官学校で心理学・軍事社会学教授、アーカンソー州立大学で軍事学教授、軍事学部学科長などを歴任している。アーカンソー州立大学では、予備役将校訓練課程（ROTC）で幹部候補生を志願した大学生の教育訓練を担当した。

米軍は、将来陸軍の指揮官となる士官候補生や幹部候補生に対して、いわば「戦場心理学」を正規に教育している。『戦争における「人殺し」の心理学』はその教科書ということだが、「戦場心理学」は「戦術学」の一分野として必修の学問である。

翻訳者の安原和見氏が言うように「戦争に兵士を送り出すとはどういうことなのか、そのために兵士を訓練するとはどういうことなのか。いままで正面切ってとりあげられることのなかったこの問いに、兵士の立場から（それも心理学と歴史学をふまえた兵士の立場から）答えようと試みた本、それが本書（『戦争における「人殺し」の心理学』）」である。

四十万から百五十万ともいわれるベトナム帰還兵が、悲劇的な戦争のすえにPTSD（心的外傷後ストレス障害）に苦しんだ。アメリカ合衆国は、政府と社会がおうべき責任を帰還兵一人ひとりに押しつけたのだ。著者のグロスマンは、第七部ベトナムでの殺人【アメリカは兵士たちになにをしたのか】で、この問題を具体的にとりあげている。

最近、戦場や戦闘の概念を一変させる本が出版された。それは、二〇一三年にアメリカで刊行され、二〇一五年に日本で翻訳出版された『動くものはすべて殺せ―アメリカ兵はベトナムで何をしたか』（ニック・タース著、布施由紀子翻訳、みすず書房）だ。

ベトナム戦線で、規律・モラル・人間性を失った軍隊（ベトナム派遣軍）は、戦線がなく敵の姿が見えない南ベトナム全域で、無差別に、文字どおりタイトルの所業（しょぎょう）をおこなったのだ。著者は公的資料にもとづくていねいな取材により、その実体をリアルにえがいた。

自衛隊の海外での役割が拡大する今日、戦場心理学は、国民の代表として送り出される隊員だけの問題ではなく、送り出す国民全体の問題でもある。この両書は、わたしたちが他山の石として深刻に学ばなければならないことを多く示唆してくれる。

序章で述べたことと重複するが、米軍は、一九七三年のベトナムからの完全撤退後、「ベトナム戦争になぜ負けたのか?」という研究を徹底しておこなった。

米陸軍戦略大学校で研究を主導したマイケル・I・ハンデル教授の研究成果は、ワインバーガー国防長官の「軍事力の使用」という演説に結実し、一九八六年度「国防報告書」に反映されてワインバーガー・ドクトリンとなった。

ワインバーガー・ドクトリン（軍事力使用の条件）の六項目の中に、「国民・議会の支持の確保」が明記されている。ベトナム戦争後、政府と社会が負うべき責任を帰還兵一人ひとりに押しつけたことへの痛切な反省であり、教訓である。

筆者の現役時代、戦場心理学への関心は大いにいだいていたが、日本語で読める参考資料を見つけることは困難だった。

退官後はるかに時間がたってからのことだが、下園壮太著『平常心を鍛える』（講談社＋

α新書）を偶然目にし、早速購読した。

「下園氏はよく書いてくれた、わが国にも戦場心理を学べる参考書があるんだ」

というのが、筆者の正直な読後感だった。

私は自衛隊のストレスコントロールの教官である。

自衛隊は、戦場や災害派遣のような悲惨な現場で働く。そんな環境の中でも、隊員は任務を遂行できなければならない。あるいは、受けたショックの影響をできるだけ小さくし、次の任務に備えなければならない。

それをメンタル面から支援するのが、私の役割だ。（『平常心を鍛える』）

著者は、防衛大学校卒（二十六期）の陸上自衛官。陸上自衛隊初の心理幹部として、「コンバット・ストレス・コントロール：CSC」を本職とし、衛生学校で医師、看護師などに対して教育を実施している。（二〇一二年当時の著者略歴による）

付言すると、コンバット・ストレス・コントロールは、野外（戦場）で治療を担う医官・看護師に必須の識能であるが、野戦部隊の指揮官・リーダーにも欠くことのできない知識だ。陸上自衛隊は教育の対象を拡大する必要がある。

自衛隊は実戦の経験こそないが、御巣鷹山の日航機墜落事故（一九八五年）、東日本大震災（二〇一一年）など悲惨な現場での災害救助活動、イラク派遣（二〇〇三〜〇九年）による戦場に近い環境での行動など、多くの現場体験がある。著書はこれらをふまえ、自衛隊が現実におこなっている具体的なストレス・コントロールのノウハウを提示している。

二〇〇三年から二〇〇九年の六年間にわたってイラクに派遣された、陸・海・空自衛官九千三百十人のうち二十九人が在職中に自殺している。大半はPTSDが原因と思われる。二〇〇四年から〇六年にかけて、陸上自衛員約五千四百八十人が、人道復興支援活動としてイラク・サマワに派遣された。派遣された隊員のうち二十一人が、帰国後の在職中に自殺している。「最も戦場に近い」といわれた、厳しい勤務環境がその原因と思われる。

派遣された隊員が誇りを持って活動できるか否かは、国民のコンセンサスの有無にかかっていることは、米軍のベトナム戦争の苦い教訓からも明らかだ。自衛隊を海外に派遣する以上は、政府、政治家は、政局やイデオロギーとは距離をおいて、派遣される隊員の立場で、現実と真剣に向き合ってもらいたい。

防衛省・自衛隊も、イラクで起こったことの実体を正直に情報開示して、国民に実情を知ってもらい、その上で国民の支持を得る努力を真剣におこなわなければならない。自衛隊の役割拡大をにらむと、いまや「戦場心理学」は全隊員必修の科目である。防衛省・自衛隊は、英知を結集して現代版「戦場心理学」を確立し、すべての隊員に教育しなければならない。

ハイテクを駆使した米陸軍の実戦的訓練

一九八〇年代初期、部隊の練成訓練を可能なかぎり戦場の実相に近づけようとするこころみが、米陸軍で本格的に進められた。米陸軍は攻勢によりソ連軍を撃破するという「エアランド・バトル」をドクトリンとして採用し、編成、装備、訓練などを一新した。

冷戦最盛期、中部ヨーロッパを想定したエアランド・バトルの戦場――NBC（核・生物・化学戦）・EW（電子戦）の環境――をイメージした実戦的な訓練をおこなうために、米陸軍はカリフォルニア州フォート・アーウィンにNTC（National Training Center）を一九八〇年十月に開設した。

NTCにはOPFOR（Opposing Forces）と呼ばれる仮設敵部隊が二個大隊編成され、それぞれソ連地上軍の自動車化狙撃大隊および戦車大隊にそっくりだ。OPFORはソ連軍のドクトリンにもとづいて、あたかもソ連軍のごとく行動した。

OPFORはソ連製の戦車、米軍の改造戦車（外見はソ連戦車に類似）などを装備した。米陸軍は、第四次中東戦争でイスラエル軍が戦場で獲得したT62戦車、BMP歩兵戦闘車などを大量に購入し、これらでOPFORを編成した。

T62戦車、BMP歩兵戦闘車は（当時の）ソ連軍の主力装備だった。これらの現物を相手に訓練できることは、まさに理想的かつ実戦的訓練といえよう。このようなOPFORを相手に、米本土に駐屯していた戦車大隊および機械化歩兵大隊は、一年半ごとにNTCにおいて二週間にわたって戦闘訓練を実施したのである。

NTCにおける訓練のきわめつきは、部隊相互間対抗戦闘の〝勝ち負け〟を、最新のIT

技術を駆使して具体的に判定したことだ。

コンピューターによる統合シミュレーション・システムで彼我の撃破状況――すべての車両、一人ひとりの隊員――を現示し、指揮官の指揮能力を含め、部隊の訓練練度のレベルを、数字で総合的に評価判定した。

NTCは海抜七百五十メートル、面積二千六百平方キロ（神奈川県とほぼ同じ広さ）、砂漠地帯にあり、広大な演習場の全域を使用して、戦車大隊や機械化歩兵大隊はOPFORの自動車化狙撃大隊や戦車大隊を相手に実戦的な訓練をおこなった。大隊同士が数日間接敵行軍してもすれちがうことがあり、箱庭のようなわが国の演習場とは雲泥の差である。

一九八四年六月以降、新装備のM1戦車、M2歩兵戦闘車などがNTCの訓練に参加するようになった。NTCでは対ソ戦をイメージした核・生物・化学戦、電子戦の環境が作為され、部隊訓練のみならず実弾射撃訓練もおこなわれた。

米陸軍はこのようにして、中部欧州における対ソ戦に備えたが、エアランド・バトル構想は、対ソ戦ではなく湾岸戦争でその成果をぞんぶんに発揮した。

一九八九年は東欧革命からベルリンの壁崩壊、東西ドイツの統一、米ソ首脳会談（マルタ会談）による東西冷戦終結宣言へとつづく激動の年。この結果、WP（ワルシャワ条約機構）とNATO（北大西洋条約機構）のきびしい対峙状態は解消し、中欧が戦場になる可能性はなくなった。

一九九〇年八月のイラク軍の奇襲侵攻によるクウェート全土の軍事占領が原因で、九一年一月から三月にかけて多国籍軍がクウェートからイラク軍を国境外に駆逐する、いわゆる第一次湾岸戦争が起きた。百時間戦争ともいわれた「砂漠の剣作戦」はエアランド・バトル・ドクトリンのもとで戦われ、米軍を主体とする多国籍軍の圧勝だった。

東西冷戦終結以降、世界の各地でＬＩＣ（低烈度紛争）がひんぱつするようになった。二〇〇一年九月十一日、米国本土のニューヨーク、アーリントン、シャンクスビルで、航空機による四つの「同時多発テロ事件」が起き、全世界を震撼（しんかん）させた。米本土の中枢が数人のテロリストによって直接攻撃を受けたのである。本事件を契機に、米国は対テロ戦争へとふみきり、イラク戦争、アフガニスタン戦争へと突入する。

冷戦時代は敵が明確で本格的な作戦・戦闘にそなえればよかった。ポスト冷戦、ポスト九・一一の戦略環境は、敵は国家・非国家から個人まで、境界は不明瞭、一過性ではなく無期限の脅威、複雑混沌とした情勢、発生の予想が困難な時期・場所、攻撃対象も市民から国家まで拡大、攻撃手段も自爆テロから破滅的大惨事となる大量破壊兵器までへと多岐にわたるようになった。

米陸軍は二十一世紀の戦略環境の変化に対応すべく、二〇〇一年版 FM3-0『OPERATIONS』でドクトリンを「フル・スペクトラム・オペレーションズ」へとシフト。新ドクトリンは、平和時における通常の任務から全面戦争までを対象とする。

ＬＩＣの戦場環境は冷戦時代から大きく変化し、ＮＴＣ（National Training Center）も新たな対応が求められるようなった。今日のＮＴＣは、演習場にアラブ世界を模した市街地や村落が作られ、イラクやアフガニスタンに派遣される米陸軍部隊——旅団戦闘チーム——に対して、実戦的な市街地訓練の場を提供している。

今日では戦場の概念が劇的に変わってきた。すでに述べたこと——「戦術とマネジメント」の項——と重複するが、米陸軍は「ナレッジ・マネジメント」を、陸軍をネットワーク中心、知識を基盤とする二十一世型部隊へ転換させる総合戦略の一環ととらえている。

軍の中には膨大な量の文書、戦場で得られた教訓、ノウハウなどが蓄積されており、米陸軍はこれらをハードウエア、ソフトウエア、サービスの一体化により、陸軍全体から兵士個個にいたるまで活用しようとこころみている。

友軍相撃は切実な問題

米陸軍は、相撃回避（fratricide avoidance）をきわめて重視している。

相撃とは、敵兵士の殺傷または敵の装備・施設の破壊をねらった武器・弾薬が、予期せず友軍の兵士を負傷させ、死にいたらせること、と定義される。相撃は同士撃ちで、戦場の混乱の中で発生し、現実に湾岸戦争の夜間戦闘で友軍相撃がおきている。

近代化された米陸軍は、サーマル・サイトなど精巧な視察装置を装備し、昼夜をとわず目標の発見ができる。とはいえ、特にサーマルは雨、ほこり、霧、雪などによる機能低下はいなめず、悪天候時における視察による目標発見は一千メートル前後が限界となろう。

完全にデジタル化したストライカー旅団などでは、GPSを利用したネットワークにより個々の車両の位置を掌握し、移動状況を追跡でき、射撃目標の共有ができるが、非デジタル化部隊との協同作戦では、戦場における相撃発生の危険性は以前と変わらない。

ストライカー旅団は統合部隊の一部として、あるいは多国籍軍部隊またはホスト国部隊と行動をともにする。デジタル化装備を共有しない部隊、多国籍軍部隊などのアナログ部隊と共同作戦する場合には、支援火力の発揮など安全管理には特段の配慮が必要となる。

ストライカー旅団戦闘チームとアナログ部隊の共同作戦――陸上自衛隊との関係はこれに相当する――では、相撃回避は避けてとおれない課題である。

筆者の個人的な体験では、陸上自衛隊で「相撃」が話題になったことはなく、また各種教範で「相撃」という用語を見た記憶はない。

逆に、今日の米陸軍フィールド・マニュアルは、『OPERATIONS』以下に「防護」の観点から［fratricide avoidance］を記述し、各級指揮官に意識の向上をうながし、実行をもとめている。戦場体験のない陸上自衛隊は、米軍の教訓を真剣に学ばなければならない。

〈相撃回避の原則〉

目標識別（※敵味方識別）の未実施が、多くの場合、相撃の原因である。あらゆるレベルの指揮官およびリーダーは、相撃という悲劇を避けるため、射撃開始を命ずる前に、自ら確実な敵味方識別を実行しなければならない。さらには、すべての部隊は、戦闘実施間、その精確な自己位置を報告し、同時に、大隊戦闘指揮所および中隊指揮所は、関係する友軍全部隊の位置を常時掌握（追跡）しなければならない。（FM3-20.15『Tank Platoon』）

ストライカー旅団戦闘チーム—都市の作戦（Urban Operations）

ＬＩＣ（低烈度紛争）の舞台＝戦場は、ウクライナやシリアの内戦に見られるように、都市部あるいは人口密集地の場合が大半だ。米陸軍のストライカー旅団戦闘チーム（以下ＳＢＣＴと略す）が想定しているのはそのような戦場が大きな比重をしめている。

安定化作戦（Stability Operations）の環境は、軍事行動の開始前・実施中・終了後によりその態様はことなるが、内乱、反乱、暴動などにより政府の統治が十分機能せず、経済活動や市民生活に重大な支障をきたし、特定地域が無法化し避難民が大量に発生している環境などで、その対応もケース・バイ・ケースとなろう。

安定化作戦の戦場をイメージアップするため、敵性勢力が存在する都市におけるＳＢＣＴの作戦（行動）の一例をとりあげてみよう。

ＳＢＣＴの指揮・統制には市街地図または都市図が不可欠である。

市販の地図が使用できない場合、ＳＢＣＴはＤＴＳＳ（デジタル地図支援システム）の支援を得てデジタル地図、写真地図またはスケッチを作成することができる。

作成した地図は、各部隊の動きを追跡でき、いつでもアップデートできなければならない。

偵察大隊の斥候による目視情報、軍事情報中隊の専門要員によるヒューミント情報などを最大限に活かして、地図の内容を逐次確定し、時間の経過とともに最新化する。

ストライカー車両に搭載しているFBCB2（旅団以下戦闘指揮システム）端末のディスプレイは、市街地の各種情報、敵性勢力、友軍部隊、各車両の位置などをリアル・タイムで表示し、旅団長から末端の兵士までネットワーク・システムにより情報を共有できる。

都市の作戦は下車して徒歩で行動する歩兵が中心となるが、SBCTのMGS（百五ミリ砲搭載の機動砲システム）、ストライカー戦闘車両は歩兵を支援する作戦の決定力としての役割をになっている。

作戦間、MGSや自走迫撃砲は、正確かつ圧倒的な火力により歩兵の近接戦闘を支援し、敵性勢力を隔離・孤立させて増援を阻止する。攻撃や防御といった場面では、MGSやストライカー戦闘車両のスピード、敏捷性、火力、防護力が大きな威力を発揮する。

MGSは、下車戦闘する歩兵をガンにより射撃支援することが主目的、対戦車戦闘は想定していない。ガンは仰角二十度まで射撃可能――百メートルの距離でビルの十階を照準し射撃できる――、ビル屋上などからのトップ・アタックに対応できる。

都市の作戦では、敵性勢力を隔離・孤立させることが作戦成功の主眼である。

こうすることにより、隔離され、孤立した敵性勢力への増援・再補給のルートを遮断し、彼らの継戦意志を失わせ、あるいは脱出のための拠点の放棄などを強要できる。

この際、SBCTに配属される心理戦・民事の専門部隊・要員により戦闘員と非戦闘員を区分できれば、火力発揮の制約が減少し、自隊の防護も容易となる。

敵性勢力の隔離・孤立がうまくいけば、SBCTの圧倒的な近代戦力は、彼らの非対称の利点を減殺できるが、現実の問題としては、住民の中に混在している非正規部隊と一般住民を識別することは、言葉で言うほどには簡単ではない。

作戦に最終的な決をつけるのは、下車歩兵の近接戦闘だ。

市街戦や人口密集地域ではハウス・ツー・ハウスの戦闘を避けることが鉄則。立体的な市街戦では兵員・装備の高損耗が発生しやすいが、SBCTはFBCB2を最大限に活用して敵性勢力や市街地の状況——街路、ビル、危険地帯など——を明らかにし、歩兵大隊はストライカー車両の機動力を発揮して態勢の優越をはかり、主動的な歩兵の近接戦闘と衝撃効果で敵を圧倒撃破し、敵性勢力の継戦意志を破砕する。

都市あるいは人口密集地における安定化作戦の戦闘あるいは行動現場は、野戦の場合とは異なり、様々な要素が複雑に絡み、必然的に小部隊（small unit）および小部隊リーダー（small unit leader）に対する期待度が高まる。

班長（section leader）、分隊長（squad leader）、組長（team leader）など小部隊リーダー（下士官）は、高度の戦闘戦技を保持することはもちろん、この基盤の上に、文化的素養、調整スキル、高い表現能力などの人間関係スキルがもとめられる。

小部隊リーダーは、緊迫した状況下においても冷静さを保ち、かつ的確な判断を下さなければならない。また彼らは、非戦闘から戦闘へ、戦闘から非戦闘へと切り替える、知的・心理的な柔軟性と敏捷性がもとめられる。

安定化作戦ではROE（Rules of Engagement：交戦規程）の厳守が不可欠であるが、ROEは現場で生起するあらゆる状況を網羅しているわけではない。小部隊リーダーや兵士一人ひとりが現場で自ら判断し即実行しなければならないこと（独断）が多く、それゆえに、彼らはROEが本来意図している内容をじゅうぶん理解しておく必要がある。

都市の作戦の最終段階——エンド（出口）——は、都市の統治を民政または他の統治機関に移管すること。電力、食料、上下水道、衛生、法秩序など重要サービスの回復が前提条件となるが、SBCTはこれらが回復次第、すみやかに、市民サービス実施の責任を統治機関、国際組織、あるいは地方行政機関に移管する。

このことは、作戦計画作成段階から準備しておかなければならない。安定化作戦（Stability Operations）から戦闘行動（Combat Operations）への移行、逆に戦闘行動から安定化作戦への移行、これへの迅速な対応もまた不可欠である。

米陸軍では、独立戦争以来、下士官団（NCO Corps）が軍の背骨を形成している。下士官が兵士および・小部隊を訓練し、できあがった部隊を士官が指揮するのが米軍の基本的なやり方。

米陸軍は「二十一世紀のあるべき下士官像」として、Pentathlete（近代五種の選手）——創造的破壊者、戦士のかがみ、リーダー養成者、特命全権大使（Ambassador）、資源管理者

(Resource Manager)――であれと、高い目標をかかげている。

ＳＢＣＴ生みの親であるシンセキ陸軍参謀総長は、下士官訓練日――通常木曜日午前七時～十二時の五時間――を新規に設定し、下士官自ら訓練を計画し、実行し、評価し、再訓練の必要性を判断することをもとめた。小隊軍曹以上には直接タッチすることを禁じ、班長以下の小部隊リーダーの育成をねらった画期的な施策である。

わが国も、近い将来、ＰＫＦとして部隊を海外に派遣することになろう。ＰＫＦは戦争が前提とするものではないが、戦闘・非戦闘が混在する事態は覚悟しなければならない。そのことを考慮すると、米陸軍のＳＢＣＴの編成、装備、運用、小部隊リーダーの育成など参考になることが多い。

第四章　戦いの原則

戦いの原則とは何か

本章は拙著『自衛官が教える「戦国・幕末合戦」の正しい見方』（双葉社）第一章「戦争には古今東西普遍の原理がある」をベースとして、一部修正・加筆・訂正したものである。

戦いの原則―Principles of War

戦いの原理・原則は古代から存在したが、原理・原則を体系的に記述した戦術書は、十六世紀にマキャベリーが登場するまでなかった。本格的な戦術書として出現したのは、十八世紀のアントン・アンリ・ジョミニの『The Art of War』が最初である。

ジョミニは、戦争にはこれを成功に導くための原理が必ず存在し、これにもとづく原則を明らかにすることができる、との確信のもとに兵学理論の研究につとめ、その集大成が『The Art of War』（原著はフランス語、一八三八年にパリで公刊）である。

アメリカの南北戦争において、南軍・北軍の士官たちは、当時最新の兵学書だったジョミニの著書を読んで、戦場で応用した。『The Art of War』はやがて米陸軍野外マニュアル『OPERATIONS』へと発展する。

第一章で述べたように、ジョミニの「戦いの根本原則」は「集中（mass）」にまとをしぼっている。ジョミニが確立した根本原則を、フランスのフォッシュが四項目（兵力の節用、行動の自由、兵力の自由指導、保安）にリストアップし、さらに第一次世界大戦後の一九二〇年、英国陸軍がフラー（J.F.C.Fuller）の研究成果を採用して『野外要務令』に八項目の「戦いの原則」としてとりいれた。

フラーが確定した戦いの原則は、目的の維持（maintenance of object）、攻勢（offensive action）、奇襲（surprise）、集中（concentration）、兵力の節用（economy of force）、警戒（security）、機動（mobility）、協調（co-operation）の八項目。

米陸軍の『OPERATIONS』の冒頭にかかげられている九項目の「Principles of War」のうち八項目は、英陸軍＝フラーによることが明らか。すなわち、今日の「戦いの原則」の創設者・生みの親はフラーといえよう。

陸上自衛隊は、昭和二十七（一九五二）年の保安隊発足時、米陸軍FM-5『OPERATIONS』を翻訳した『作戦原則』を基準教範とした。昭和四十三（一九六八）年に『野外令』を独自に制定したが、基本的には『作戦原則』をうけついでいる。

わが国では、フラーの名前は著名であるが、その業績はほとんど知られていない。フラーに関する日本語で読める文献はほとんどないといってもよいが、ネット時代の恩恵で彼の主要な著作（原文）を読むことができる。

（私的な見解に過ぎないが）フラーの戦争に関する研究の中身―大半は作戦・戦闘に関する分野――は、戦術の論考であり、ジョミニとならんで、『OPERATIONS』や『野外令』の原点といえる。戦術学の研究対象として、フラーを再検討する必要があろう。

陸上自衛隊の『野外令』および米陸軍の『OPERATIONS』は、「戦いの原則（Principles of War）」として次の九項目を列挙している。

目的の原則（Objective）
主動の原則（Offensive）
集中の原則（Mass）
経済の原則（Economy of Force）
統一の原則（Unity of Command）
機動の原則（Maneuver）
奇襲の原則（Surprise）

簡明の原則（Simplicity）

警戒の原則（Security）

戦いの原則は、数理学における公理・公式のようなものではない。どちらかといえば、社会科学的教訓の性格があり、これらの諸原則を現実の状況にそくして、健全な判断と戦術的常識とをもって、適切に組み合わせて活用すべきところに特質がある。

米陸軍は二十一世紀の戦略環境の変化に対応すべく、陸軍がになう役割を平時の活動から全面戦争にまで拡大。二〇〇一年版FM3-0『OPERATIONS』でドクトリンを「エアランド・バトル」から「フル・スペクトラム・オペレーションズ」へとシフトした。

図は、現在の米陸軍のドクトリン「フル・スペクトラム・オペレーションズ」の根底となる考え方の概念図で、「戦いの原則」の位置づけがたくみに表現されている。米軍マニュアルはいったいに視覚にうったえる表現にすぐれている。

新ドクトリンは、平和時における通常の任務から有事における全面戦争までを対象とし、地域的には国内と海外の両者をふくんでいる。

新ドクトリンには攻撃、防御、安定化作戦、民政支援の四つの作戦領域があり、これらの領域には明確な境界がなく、各別に、同時に、あるいは渾然（こんぜん）一体となって生起する。

作戦の遂行にあたっては、フレームワークに応じて戦闘力を最大限発揮して、決定的な成果をあげなければならない。この際、「戦いの原則」を終始念頭において、実行においては

フル・スペクトラム・オペレーションズの考え方

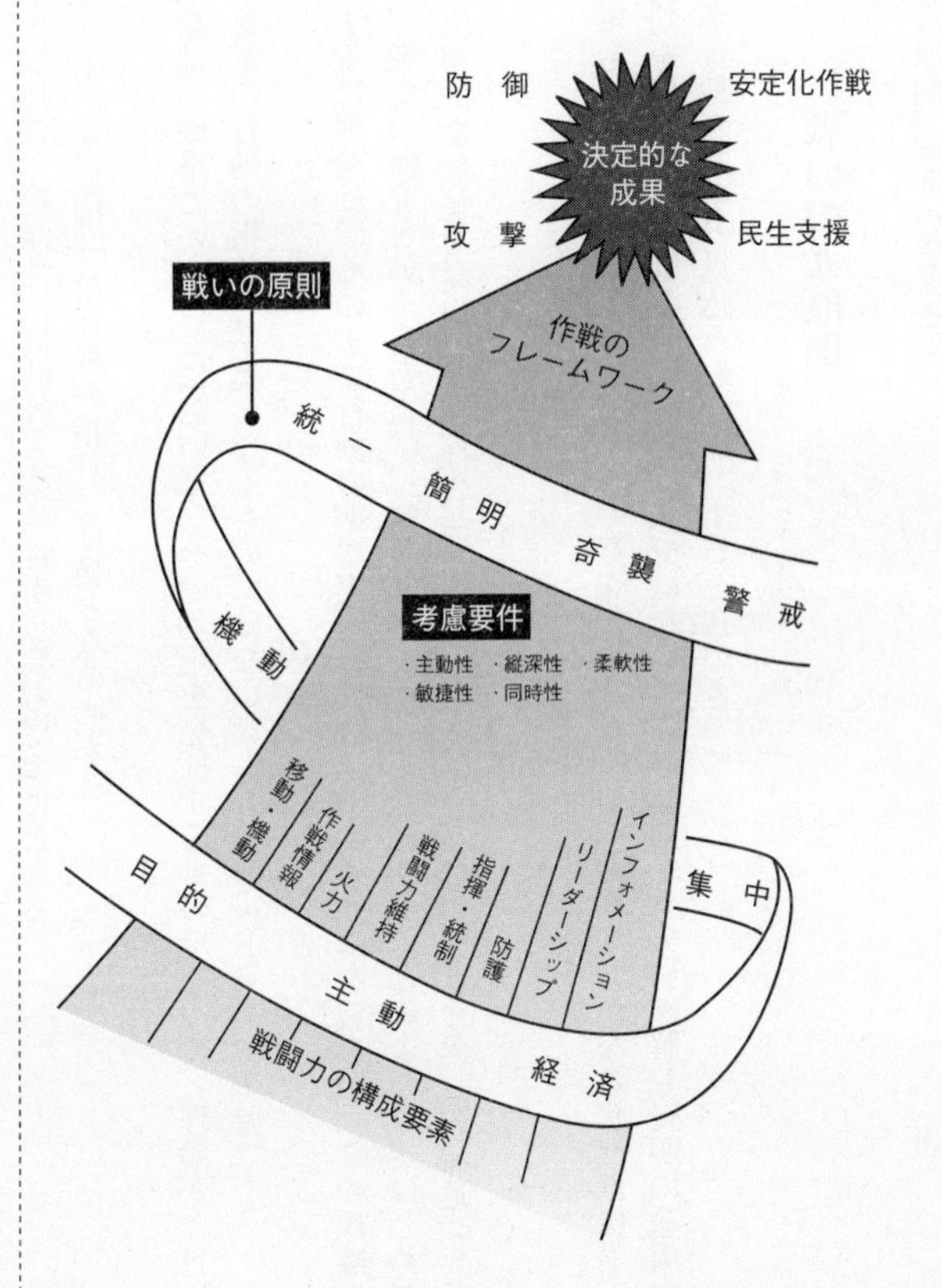

米軍マニュアル【OPERATIONS】2001年版・2008年版を参考に作成

主動性・敏捷性・縦深性・同時性・柔軟性が重要考慮要件となる。
では、「戦いの原則」は作戦の指針、準拠となるのか？

理論は、観察ということにおいて、その効用を発揮するものであって、理論が今日以降の用兵家の行動の指針、準拠となるものではない。（クラウゼヴィッツ『戦争論』）

要するに理論は、そのまま行動の準拠実用の代数学的公式とはならない。この理論を用いて、戦史の研究という自習自学、修養練磨の境地を通過することによって、はじめて理論の実用的な価値を見出し、指揮官能力の向上を期することができる。（西浦進『兵学入門』）

米陸軍も［戦いの原則とは、最も広い意味における原則であり、いかなる状況下にあっても、成功を保証する規則や科学的な公式ではない。この原則を十分に理解し賢明に適用すれば、軍事行動の成功の見込みが増加］すると言いきっている。

戦いの九原則

目的の原則（the Objective）

目的の原則とごく簡潔に表現するが、目的・目標の確立およびその追求の二つを意味している。本原則は常に根本となる原則であり、あえて冒頭に記述する。

明確に規定され、決定的な意義を有し、かつ達成可能であるという条件をみたすものを目的・目標として設定する。確立した目的・目標に対して最大限の努力を結集し、あらゆる妨害を排除して、強烈な意志をもってあくまでこれの達成を追求しなければならない。

目的は、期待すべき所望の効果であり、目標は、目的を達成するための具体的な手段、方法、数値などである。目的〈何のために〉と目標〈何をするか〉の関係は、上下の関係でもあり、全体と部分の関係でもある。

戦いの結果には、勝ち・負け・引き分けがあるが、負け戦には例外なく「目的・目標のあいまいさ」が見られる。

ガダルカナル島作戦は「目的の原則」を考えるかっこうの戦例である。

ガダルカナル島作戦は、昭和十七年八月米第一海兵師団のガダルカナル島上陸から翌十八年二月日本軍の撤退までの作戦。日米両軍の作戦目的・目標に対する考え方の落差が、作戦の最終結果に決定的な影響をあたえた。

米軍は、日本の本土を占拠するという戦争目的――長期ビジョン――を確立し、ガダルカナル島作戦を「対日反攻の第一歩」と位置づけ、ガ島を「必ず占領し確保」するという具体的な目標を立てて上陸作戦を敢行した。

米軍は、上陸作戦を成功させるために、水陸両用作戦という画期的な新戦術を創造、陸海空の戦力を統合して南太平洋ソロモン諸島のガダルカナル島に上陸した。

はっきり言って、日本陸海軍には作戦目的も、これを達成するための具体的な目標もなかった。米軍の上陸に反応して、その時々の思いつきで、陸海空の戦力がバラバラに行動し、結果として兵員、艦艇、航空機、船舶を大量に失ってやぶれた。

第一に、米軍の本格的反抗は昭和十八年以降という固定観念にとらわれ、米軍のガ島上陸の企図をあまく見た。第二に、陸軍は、連隊、旅団、師団、二個師団を逐次に投入し、戦術の基本原則を無視した作戦に終始した。第三に、ガ島は、陸海軍ともに、攻勢終末点をこえた作戦となり、ガダルカナル島に上陸した部隊への装備・弾薬・糧食の補給が途絶して、多数の餓死者をだした。

周到な準備のもとに開戦した太平洋戦争の第一段作戦は大成功だったが、（信じられないことに）大本営には第二段作戦の青写真がなかった。ガダルカナル島作戦で早くもその欠陥があらわになり、「目的・目標のあいまいさ」が作戦の成否を決した。

日本海海戦（明治三十八年五月）時の連合艦隊作戦参謀だった秋山真之に『天剣漫録』という箴言(しんげん)集がある。

公使館付武官（海軍大尉）としてアメリカに滞在中の秋山が、戦略戦術の研究に没頭した間にものにしたメモである。そのなかの一つに、戦略上・戦術上の勝ち負けから勝利を論じ、目的の原則を簡潔に示した一文がある。

負クルモ目的ヲ達スルコトアリ。勝ツモ目的ヲ達セザルコトアリ。真正ノ勝利ハ目的ノ達不達ニ存ス。

ガ島からの撤退を「転進」とごまかし、敗戦を「終戦」といいかえた、昭和前期の日本軍は「目的ノ達不達」を素直に認めるリアリズムを欠いた。

ノモンハン事件にはさまざまな評価があり、その一つに日本軍の方が勝ったという見解がある。日本軍がこうむった損害よりソ連軍にあたえた損害の方がはるかに大きかった、というのがその理由だ。損害の多い少ないで勝利を判定するという考え方は昔からあるが、これはあくまで戦術上の勝ち負けをいっているに過ぎない。

日本軍の目的は「おかされた国境線の回復」であり、目標は「国境内に侵攻したソ連軍の撃退」だった。昭和十四年八月二十日、ソ連軍は火力殲滅戦による両翼包囲で一大攻勢に転じ、日本軍の防御はいたるところでほころびた。ソ連軍はノモンハン付近で攻勢をやめ、結局この線——ソ連軍の主張する国境線——で停戦が成立。ソ連軍は失われた国境線を回復し、日本軍は主張していた国境線から後退して（満州国の）領土をうしなった。

秋山の「真正ノ勝利ハ目的ノ達不達ニ存ス」にあてはめると、ソ連軍は目的を達成し、日本軍は目的が達成できなかった。日本軍将兵の鬼神をも泣かせる敢闘により、ソ連軍により多くの損耗をあたえたことは事実だが、これを勝利とはいわない。

主動の原則（Offensive）

主動の原則は、態度の原則であって、形式の原則ではない。つまり形式としての攻撃行動をしょうれいする原則ではなく、決定的成果獲得のため主動的態度をもって敵にわが意志を強要すべきことをしめすものである。

我は斯くする。よって敵をして斯くせしむる。（プロシア軍参謀総長モルトケ将軍）

第一次大戦初期におけるフランス軍は、フォッシュの攻撃思想がみなぎり、敵を見ると反射的にラッパを吹いて突撃するのをつねとした。この結果、開戦当初の国境会戦で大敗をきっした。第二次大戦におけるわが帝国陸軍は攻撃精神を過度に重視し、戦術とはいえないがむしゃらな攻撃をおこなうほど攻撃思想が徹底していた。

戦闘ニ方リ攻防何レニ出ヅベキヤハ主トシテ任務ニ基ヅキ決スベキモノナリト雖モ、攻撃ハ敵ノ戦闘力ヲ破砕シ之ヲ圧倒殲滅スル為唯一ノ手段ナルヲ以テ、状況真ニ止ムヲ得ザル場合ノ外常ニ攻撃ヲ決行スベシ。敵ノ兵力著シク優勢ナルカ若シクハ敵ノ為一時機先ヲ制セラレタル場合ニ於イテモ尚手段ヲ尽クシテ攻撃ヲ断行シ戦勢ヲ有利ナラシムルヲ要ス。

（『作戦要務令』）

陸上自衛隊は『野外令』の制定（昭和四十三年）にあたり、旧陸軍の攻撃第一主義という金科玉条に固執したことを深刻に反省し、主動の原則が形式ではなくあくまで態度の原則であることを強調している。

主動は、作戦目的の達成、ひいては戦勝の獲得のためきわめて重要。英語で Offensive と表記するように、防勢より攻勢が望ましいが、攻勢主義一点張りは、フランス軍や旧陸軍のように戦法の定型化・硬直化をもたらすという弊害がある。

主動の地位を確保するには、先制権の獲得と戦勢を支配する要点の先取が不可欠。先制権を獲得し要点を先取するためには、相手に先んじて自主的にわが意志を決定し、速やかに方針を決定しなければならない、同時に必要な情報を獲得し、準備を周到にして、要点に対して優勢な戦闘力を集中発揮することが重要である。

主動性とは、いわば軍隊の行動の自由であり、やむなくおかれる行動の不自由の状態と区別される。行動の自由は軍隊の生命である。この自由を失えば、軍隊は敗北または消滅にちかづく。………この理由からして、戦争の両当事者はともに主動性をにぎろうとつとめ、受動性を避けようとつとめる（毛沢東『持久戦について』）

毛沢東の戦略・戦術の特色は、「中国革命戦争の戦略問題」（一九三六年十二月）、「抗日遊撃戦争の戦略問題」（一九三八年五月）、「持久戦について」（一九三八年五月）という論文・

講演で明らかである。内容は、兵書や戦術教範のような堅苦しさはなく、一般兵士にも理解しやすいように、平易な言葉で、かつていねいに記述・論述している。

毛沢東は、［昔の人あるいは現代の人が過去の戦争の経験を総括した、原則性をおびたすべての軍事法則あるいは軍事理論――過去の戦争がわれわれに残してくれた血の教訓――］を心をこめて学び、［戦争によって戦争を学ぶ］と、思索の背景を明らかにしている。

今日の中国人民解放軍は「三戦」という敵軍瓦解工作を展開している。

その一つである法律戦は、中国人民解放軍の武力行使と作戦行動の合法性を確保し、敵の違法性を暴き出し、第三国の干渉を阻止する活動をいう。それにより、軍事的には自軍を「主動」、敵を「受動」の立場に置くことを目的としている（『中国安全保障レポート』防衛省防衛研究所編）。

奇襲の原則（Surprise）

奇襲とは、敵の予期しない時期、場所、方法などによって、敵に対応のいとまをあたえないように打撃をくわえることである。

奇襲において最も重要なことは、「対応のいとまをあたえない」こと。このためには、意表をつくことで得た成果をすみやかに拡大し、目標を達成することである。これでもかとたたみかけるスピードが決め手となる。

古来、戦史は奇襲の例にみちている。奇襲はいつの世にもあり、科学技術のすさまじい進歩は将来の新たな奇襲を生み出し、逆に、非対称戦が奇襲となり得る。

時期的奇襲――夜討ち、朝駆け、週末の開戦（真珠湾攻撃）
場所的奇襲――アルプス越え（ハンニバル、ナポレオン）
気象的奇襲――ロシアの冬将軍（ナポレオン、ナチス・ドイツ軍）、キスカ島撤退作戦（海霧の利用、第五艦隊／第一水雷戦隊）
戦法的奇襲――長篠の合戦（織田信長―鉄砲の連続射撃で武田騎馬隊を撃破）、電撃戦（ドイツ軍―戦車と急降下爆撃機の組み合わせ、第三次中東戦争におけるイスラエル軍戦車旅団）、ヘリコプターによる空中機動（米軍―ベトナム戦争におけるヘリボーン作戦）、暗視装置の使用による夜間戦闘（米軍―湾岸戦争、英軍―フォークランド紛争）、LICの非対称戦（ゲリラ、テロ、RPG等旧式装備の使用）
技術的奇襲――戦車の出現（WWⅠ）、原子爆弾の投下（WWⅡ）
空間的奇襲――宇宙におけるスペース・ウォー（ミサイル防衛、対衛星戦）、全地球測位システム（GPS）による情報収集・監視・警戒、第五の戦場におけるサイバー戦

一九九一年の湾岸戦争は、イラク軍のクウェート侵攻に対抗して、多国籍軍五十万がイラ

ク軍を攻撃してクウェートの領土を回復した戦争。米軍のM1エイブラムズに搭載されたサーマル式暗視装置は、三千～四千メートルの長射程でイラク軍のT72戦車を完全にアウトレンジした。ソ連製T72戦車の暗視能力は一千メートル以下で、夜間戦闘はM1戦車の一方的かつ圧倒的な勝利だった。

今日、サイバー空間が第五の戦場と呼ばれる。サイバー戦への備えなき国家・軍隊は、戦う以前に壊滅的な打撃を受けるであろう。これは技術的奇襲であり、戦法的奇襲であり、空間的奇襲である。

最近、東日本大震災による大津波や原発事故、地球の温暖化に起因する異常気象による災害などが多発し、「想定外」という言葉が乱用されている。「想定外」こそ奇襲の本質であり、想定外を想定して対応することが「警戒の原則」である。

集中の原則（Mass）

集中の原則は、古来、列国が戦術の根本原則として重視した。

戦捷ノ要ハ、有形無形ノ各種戦闘要素ヲ綜合シテ敵ニ優ル威力ヲ要点ニ集中発揮セシムルニ在リ。（作戦要務令綱領第二条）

有形戦闘力は戦車や火砲の性能・威力・数量など計算できる戦闘力であり、無形戦闘力とは部隊の規律、士気、団結あるいは訓練の精到といった目に見えない戦闘力をいう。優勝劣敗とは、文字通り優れているものが勝ち、劣っているものが敗れる、というきわめて平凡だが、古今・中外を通ずる冷厳な戦理である。

わずかな例外は別として、数の優勢な方の部隊こそ勝利は保障されている。それゆえ戦術は、闘おうと思う地点に赴いた時、どうすれば敵軍よりも数においてまさっていることができるか、ということを考えるに在る。君の軍隊が敵の軍隊より数において少ないならば、敵にその兵力を集める暇を与えず、移動中の敵を襲撃するがよい。そしていろいろな軍団を巧みに孤立させて、それらの孤立させられた軍団の方へと迅速に赴き、いかなる遭遇戦においても君の全軍を敵の数個師団に差し向けることのできるような具合に機動するのがよい。こうすれば、敵軍の半数の軍隊をもってしても、君は常に戦場では敵よりも強いであろう。(『ナポレオン言行録』)

今日の戦術教科書ではこれを各個撃破という。ナポレオンは、一七九六年八月のガルダ湖畔においてオーストリア軍に対して絵にかいたような各個撃破をおこなったが、当時は常識はずれの戦術だった。わが国では、織田信長が桶狭間の戦い(一五六〇年)で、兵力七〜八倍の今川軍団に対して、はるか以前にこのことをあざやかに実行している。

一五六〇年の桶狭間の合戦において、今川軍二万五千に対する織田軍四千は、休息中の今川義元の本陣（数百）を、織田信長の主力（二千）が全力で急襲し、局地における相対戦闘力は織田軍が圧倒的にまさっていた。要は、全体的には寡兵であっても、決勝点において優勝劣敗の状態をいかにして作り出すか、ということにつきる。

有限の兵力をもって戦勝を確保する方策は、ただ一、二の方面に努力を集中して、局部的に絶対優勢を占めることにある。（マハン講述『海軍戦略』）

優勝劣敗の道理に依り、適当の時期に、適当の兵力を、適当の地に集中するが如く運用の妙を得たるものは、必ずや勝利を収む可きものにして古今其戦例に乏しからず。（秋山真之講述『海軍基本戦術第二編』）

われわれの戦略は「一をもって十に当る」のであるが、われわれの戦術は「十をもって一に当る」のである。これは、われわれが敵に勝つための根本法則の一つである。（毛沢東『中国革命戦争の戦略問題』）

優勝劣敗はランチェスターの交戦理論の数理で証明される。

ランチェスターの交戦理論は、両軍の兵力損耗を連立微分方程式で定式化したもので、代表的モデルとして、一次則モデルと二次則モデルがある。

一次則モデルは一騎打ちの法則で、たとえば戦国時代の合戦のように、刀槍弓矢などによる個人の戦いの集積が合戦の結果を決めた。いくつかの前提はあるが、基本的には相手側より多くの兵力を集めて決戦をおこなうことが戦勝の決め手。

二次則モデルは総合戦闘力で戦う近代戦をあつかい、戦闘力は兵力数の二乗に比例し、集中すればするほど圧倒的に優勢となる。近代戦は兵士の一対一の戦いではなく、武器の主力は火砲（小銃、機関銃、大砲、戦車など）となり、組織的におこなわれる。

二次則モデルは戦車対戦車、軍艦対軍艦、戦闘機同士の戦闘などの場面にも適用できる。たとえば資質・装備が均質・均等な兵力五対三の戦車部隊がおたがいに全力で戦った場合、劣者がゼロになったとき、優者はどれだけ生き残るか？

答えは四である。

ランチェスターの二次則モデルでは次のような計算式が成り立つ。

$$5^2 - 3^2 = X^2 - 0 = \sqrt{16} \quad \text{（答）} X = 4$$

このモデルによれば、兵力三の戦車部隊がゼロに減じたとき（全滅したとき）、兵力五の戦車部隊は四すなわち八十パーセント生き残る。両軍の相対的な戦力比（訓練練度、火器の性能など）をあらわす交換比を一と仮定した場合（両軍は等質の部隊）の計算式だ。ランチエスターの二次則モデルは、多くの戦史データからもその有効性が証明される。

マサチューセッツ工科大学のJ・H・エンゲルが、硫黄島の戦闘（一九四五年二月～三月）のデータを詳しく分析し、ランチェスター二次則が成立することを実証した。佐藤總夫著『自然の数理と社会の数理Ⅰ』に［アメリカ軍の戦闘員の推移］のグラフが紹介されており、ランチェスターの二次則モデル（理論上の数値）と実際のデータがピタリと一致していることにおどろかされる。

F・W・ランチェスター（英）が一九一六年に発表した「ランチェスターの法則」は、古代から現代までの戦争の経験から帰納された「集中の原則」を数理として説明し、優勢兵力必勝の原則として著名。今日では軍事OR（オペーレーションズ・リサーチ）だけではなく、社会や経済活動などの幅広い分野に応用されている。

第二次大戦後のわが国では、「オペーレーションズ・リサーチ」は、軍事忌避（きひ）という社会風潮のなかで、主として経済的な面から注目をあびた。ランチェスターモデルは、販売競争の分析モデルとしてマーケティングの分野で広く応用されている。

経済の原則（Economy of Force）

経済の原則は集中の原則の対極にある。

有限の戦力（資源）をどこかに集中すると、他の方面に使用する戦力を制限しなければばならない。これが経済の原則である。「すべてを守るものは、すべてを失う」という箴言（しんげん）がある。受動・守勢にまわったときに、おちいりやすいワナである。孫子も「至ル処守ラントスレバ、至ル処弱シ」といっているのは同趣旨。

一般に、戦力が敵よりいちじるしく少ない場合は、防御という戦術行動を選択する。

すべてを守ろうとしてあらゆるところに部隊を配置すると、局地ごとの相対戦闘力の差は大きくなり、結果的にはあらゆるところで負ける。もっとも大事な要点に部隊を重点配備して、その他は思い切って捨てることが肝要。この非情がなければ、防御戦闘は戦えない。指揮官は捨てるという決断ができなければならない。

経済の原則とは、捨てる戦略であり、創造的破壊である。

企業が新しい事業を始めるとき、経済の原則にのっとって、旧事業を整理・縮小または廃止しなければならない。とはいえ、このことは言うは易(やす)くおこなうは難(かた)い。

創造的破壊とはスクラップ・アンド・ビルドと同意義だが、人間の習性として、ビルドには賛成するが、スクラップには抵抗がつきもの。スクラップできるか、捨てる戦略を採用できるか、この一点に企業の盛衰が決定的にかかわる。

ゼロから警備事業を起こしたセコムは、創業二年目の一九六四年にSPアラーム（機械警備のシステム）の開発に着手。四年目の一九六六年から販売を開始したが結果は散々だった。六六年度は一三契約、六七年度五十九契約、六八年度百六十五契約に過ぎなかった。六九年度からようやく伸びはじめ一千四百契約となり普及の見通しが立った。

巡回警備は廃止する。常駐警備も増やさず、大幅に値上げする。今後の営業はSPアラ

ーム一本で行く。(支社長会議における創業者飯田亮の決断)

一九七〇年、セコムは巡回警備から機械警備へと大転換をおこなった。当時、巡回警備の契約数は四千件をこえ、売上三十二億円の約八十パーセントをしめた。この主力サービスを捨てるという決断だ。その背景には、機械でやれることは機械でという人間尊重のヒューマニズムと、機械警備システムが将来のネットワークへと発展するとの予感があるが、まさに経済の原則を地で行く〝捨てる戦略〟の断行だった。

商品のライフサイクルをジャンケンにたとえた「グー・パー・チョキ理論」がある。「チョキ」とは不採算事業・商品をカットすることをいうが、飯田の決断は、不採算どころではなく主力商品を捨てるというもので、そのすさまじさがきわだっている。

もしセコムが巡回警備と機械警備の二兎を追っていたならば、今日のような大企業への発展はなかったであろう。一九七〇年の決断は〝巡回警備を廃止する〟というスクラップと、〝SPアラーム一本で行く〟というビルドの抱き合わせであり、コインの表裏である「集中の原則」と「経済の原則」を絵にかいたような創造的破壊だった。(飯田亮著『私の履歴書』を参照)

米軍はズバリ「兵力の節用」といっている。

決定的な作戦・戦闘に最大限の戦闘力を集中できるよう、二義的な作戦などには最小限の戦闘力を配分し、その際当然考えられるリスクを甘受すべし、としている。また、指揮官は、目的もなく部隊を使用してはいけない、ときびしく規定している。

日本人は、一般的に、経済の原則を感覚として理解していない。決断をしない、解決策を先延ばしにする、危機に直面しないとコストをかけない、目の前の問題をなんとかやり過ごす。これらは「兵力の逐次使用」そのもので、日本社会全体に見られる一般的な傾向、安全保障の分野も例外ではない。これは集中の原則のみならず経済の原則にも反し、必ず敗者となる運命を暗示している。

わが国が泥沼に足をつっこむ発端となった盧溝橋事件（昭和十二年七月七日）勃発以降の経緯は、「兵力の逐次使用」の傾向が顕著だった。

毛沢東は講話『持久戦について』で、（日本軍が）兵力を漸次（ぜんじ）に増加したこと、主力の向かうべき方向がなかったこと、戦略的協力がなかったこと、時機を逸したこと、包囲したものは多いが、殲滅したものが少ないことが台児荘の戦役（徐州東北三十キロの要衝、十三年三月日本軍が占領しその後放棄）以前における日本軍の指揮のまずかった点、と言いきっている。

外交にせよ、兵力の使用にせよ、政府の断固たる決意が薄弱で、小手先の対応をかさね、泥沼にひきずりこまれ、にっちもさっちもいかなくなった。盧溝橋事件は現地のこぜりあいにとどまらず、翌八月に上海へ飛び火した（第二次上海事件）。

抗日運動は一気に激化、中国軍（国民党軍）の戦意もまた旺盛だった。中国軍の頑強な抵抗に対すべく、日本軍は華北に北支那方面軍（十二年八月）を編成し、上海正面も逐次兵力を増強（海軍特別陸戦隊→上海派遣軍→第十軍）せざるを得なく、やがて中支那方面軍（十二年十一月）を編成した。かくして日中全面戦争への発展が懸念されるようになった。

このような情勢の激変を背景に、敵対関係にあった中国国民党（蔣介石）と中国共産党（毛沢東）の合作、抗日統一戦線が形成された。この結果、共産党の赤軍＝紅軍は八路（パーロ）軍と改称され、日本軍の後方地域で本格的な遊撃戦を展開するようになった。

機動の原則（Maneuver）

戦闘は、決勝点に対する敵とわれの戦闘力集中競争である。機動とは、作戦または戦闘において、敵との戦闘力集中競争に勝ち、結果として敵に対して有利な態勢をしめるために、部隊が運動＝移動することをいう。

ナポレオン戦争の時代、砲車や輜重（しちょう）車は馬で牽引するようになっていたが、軍団の主力である歩兵は自らの足で行軍した。ナポレオンのやり方は、一日に二十五マイル（約四十キロメートル）行軍し、戦い、そしてその後せいせいと野営につくことだった。

ナポレオンは勝利に不可欠なものを、運動エネルギーの公式［$E=M\times V^2\div 2$］にたとえている。戦闘力は機械学における運動量と同様、質量と速度の相乗積。Mは軍隊の質と量、Vは移動速度、移動速度Vは二乗の価値がある。

最良の兵隊とは闘う兵隊よりむしろ歩く兵隊である。（『ナポレオン言行録』）

敵に勝る兵力を集め、最短距離を、敵に勝るスピードで戦場の焦点へ移動し、その勢いで一気に勝負にでることが、戦勝獲得のカギなのだ。

現代戦における機動とは、単に部隊を動かすことだけではなく、有形無形・形而上下のあらゆる戦闘力を決勝点に集中して、敵に対応の余裕をあたえないことをいう。

第二次大戦後に発足したイスラエル共和国は、周囲を敵にかこまれているという戦略環境から、建国から今日までの数次におよぶ対アラブ戦争＝中東戦争は、内線作戦による速戦即決が宿命である。一度でも戦争に負けると国がほろぶのだ。

第三次中東戦争で一九六七年六月五日、空軍の先制奇襲攻撃で開戦したイスラエル国防軍は、先ず、陸上戦力の主力である全旅団の七十パーセントをシナイ半島に投入し、短期間でエジプト軍を包囲殲滅した。

イスラエル軍は直ちに反転して、四百キロ北のゴラン高原までわずか一昼夜で機動し、六月十日ゴラン高原到着と同時に戦闘加入した。イスラエル軍にとっては機動の原則は即勝利の処方箋（しょほうせん）で、機甲戦力が国防軍の中核をになっている。

機動の原則は企業のビジネス活動にも適用できる。ビジネスは顧客・市場のニーズに対する商品やサービスの提供競争である。ドラッカーの金言「マネジメントとは顧客の創造である」は、このことを明快にしめしている。

機械警備（セコム）、宅配便（ヤマト運輸）、コンビニ（セブン・イレブン）などは今日では社会インフラの重要な一部となっている。これらはいずれも自然発生的に誕生したのではない。先駆者が創造的な発想でニーズを発掘し、新サービスを開発し、がんじがらめの規制を撤廃させる悪戦苦闘のなかから生まれ、顧客の圧倒的な支持を得た結果である。

サービス提供競争に勝利するためには、顧客のニーズを先取りした商品・サービスを開発し、ライバルよりも早く市場へ提供し、いち早く市場を席巻しなければならない。企業は、保有するあらゆる経営資源を総動員して、ダイナミックかつフレキシブルに機動力を発揮してこそ、サービス提供競争に勝てるのだ。

統一の原則（Unity of Command）

統一の原則とは、一人の指揮官が、すべての部隊の行動を共通の目標に方向づけ同調させることをいう。統一の原則には、文字通りの指揮の一元化と、部隊全体の形而上下の統一という二面がある。一人の指揮官に必要な権限――指揮および統制の機能――を与える場合、統一はもっとも容易となる。ナポレオンは「一人の愚将も二人の良将に勝る」とズバリ表現している。

マネージャーの仕事はオーケストラの指揮者に似ている。オーケストラでは、指揮者の行動、ビジョン、指導力を通じて、各パートが統合されて生きた音楽となる。（ドラッカー『マネジメント』）

いかなるオーケストラでも、指揮者が悪ければ、どのような名曲を演奏しても聴衆に感動をあたえることはない。名指揮者は、プレイヤー一人ひとりの能力を最大限引き出し、一つのまとまったオーケストラとしての音楽に統合する。この結果、プレイヤーは独立した個人をこえた、有機体としてのオーケストラの一部となる。軍隊の指揮官もまたオーケストラの名指揮者に似ている。

指揮の一元化に反し、部隊が全滅したという痛恨の事例がある。

日露戦争の二年前、明治三十五（一九〇二）年一月二十五日、北海道上川測候所（現旭川地方気象台）で摂氏マイナス四十一・〇度が記録された。この日、青森歩兵第五連隊の雪中行軍隊は、八甲田山麓の荒れ狂う暴風雪の中で彷徨（ほうこう）二日目をむかえていた。

雪中行軍隊は指揮官・神成中隊長以下二百十人の編成。この中に神成中隊長の直属上司である山口大隊長が教育主座として同行。青森から八甲田山麓をへて三本木にいたる雪中行軍が、計画どおりにおこなわれておれば、何らの問題点も露呈しなかったであろう。

雪中行軍隊が小峠（海抜三百九十メートル）に到着した二十四日午前十一時半頃、天候が急変し、風雪が強まり寒気が加速した。小峠から八甲田山麓に踏み込むが、予想外に天候が急変し、行軍隊指揮官の神成中隊長は、予定通り行軍をつづけるか又は中止するか、という重大な岐路に立たされた。

永井三等軍医は、

「只今は零下十一度を記録しとります。風速一メートルごとに体感温度が一度ずつ加算されますから、隊員の体感温度はもう限界にきている様であります。当然のことながら、凍傷患者の続出してくることもじゅうぶん予想されます。具体的に申し上げますとここで一旦原隊に引き返し、さらに重装備に身を固めてから出発した方が、現在のままで進みますよりはるかに成功の確率が高い……」

と神成中隊長に具申した。

中隊長は永井三等軍医の意見に心の中では同意であったが、「この際小官は指揮官ではございますが、大隊長殿の適切な御判断と御命令に従います」と雪中行軍隊に同行していた山口大隊長に決心をゆだねた。（小笠原孤酒著『吹雪の惨劇』私家版、成田本店）

山口大隊長が「予定どおり田代を指して出発する」と決断を下し、行軍隊全滅の悲劇へと大きく踏み出した。

この場合、行軍計画の立案者で実行部隊の実情がよくわかっている、神成中隊長が行軍隊指揮官として信念をもって「行軍中止」を決断し、結論を大隊長に報告すればよかった。またそうすべきであった。現実には、直属上司の大隊長が同行しており、部下の中隊長が独断することは容易ではなかったが……。

結論的にいえば、雪中行軍全体の責任者である連隊長が、教育主座としての大隊長の同行をみとめるべきではなかった。指揮の混乱は悲劇をうむ。雪中行軍隊は、参加隊員二百十人中百九十三人が凍死するという悲惨な結果をむかえた。
統一の原則には、部隊全体の形而上下の統一というもう一つの面がある。戦勝のためには、全部隊の努力を統合して、共通の目標に指向しなければならない。このために必要なことは、全隊が阿吽（あうん）の呼吸で有機的に結合された協同動作をおこなうことであり、緊密な調整が大きな意義をもち、積極的な協力精神はその根底をなす。

成功している会社には、トップからボトムまで全体の目標についてのコンセンサスがある。このようなコンセンサスが欠けていると、どんな素晴らしい経営戦略も失敗する。
（ジョン・ヤング―ヒューレット・パッカード社ＣＥＯ）

陸海空の統合作戦、あるいは他国との連合作戦のような大規模かつ複雑な指揮系統の場合、現実問題として、一人の指揮官に完全な指揮権をあたえることは困難である。このような場合にこそ統一の原則が重要となり、各指揮官の協力、調整によるコンセンサスの確立が一層きびしく問われるのだ。

簡明の原則（Simplicity）
簡明の原則とは、「戦場は錯誤の連続が常態であり、錯誤の少ないほうが勝ちを制する」

という、古来、言いならされた戦いの本性への深い洞察からはっしたもの。

領域的に拡大し、機能的に分化して、複雑の度を急速に加えつつある現代戦の性向にかんがみ、百時簡単かつ明瞭をむねとすべき意である。このためには、明確な目標を確立し、手順、手続きなどを標準化・斉一化して、部隊行動を練成しておくことが不可欠。疑義がなく複雑でないシンプルな計画、疑義がなく簡にして要を得た命令は、受令者・受令部隊の誤解を避け、混乱を回避する。このため軍隊では用語（terms）の定義、符号・記号（graphics）、文章要務などを厳密に定めて全軍に徹底している。

軍ハ侵サス侵サシメサルヲ満州防衛根本ノ基調之トスカ為、満「ソ」国境ニ於ケル「ソ」軍（外蒙軍ヲ含ム）ノ不法行為ニ対シテハ、周到ナル準備ノ下ニ徹底的ニ之ヲ膺懲シ、「ソ」軍ヲ慴伏セシメ、其ノ野望ヲ初動ニオイテ封殺破摧ス。

ノモンハン事件の直前、関東軍司令部が独自に起案し指揮下部隊に命じた「満ソ国境紛争処理要綱」の一部である。この主旨は、越境したソ蒙軍は国境外に撃退せよ、ということであろう。右の文章は、膺懲、慴伏、封殺、破摧といった抽象的な用語がおどっており、方針の真意、哲学が伝わってこない。まさにシンプルとは対極にある、きわめて政治的なきおいたった文章である。

敵艦見ユトノ警報ニ接シ、連合艦隊ハ直チニ出動之ヲ撃滅セントス。本日天気晴朗ナレドモ浪高シ。（連合艦隊の電報）

連合艦隊出動を報告する歴史的な電文である。海軍大臣・山本権兵衛が参謀・秋山真之が加筆した「本日天気晴朗ナレドモ浪高シ」を美文に過ぎると叱責したといわれるが、簡明の原則にかなったシンプルかつリアリズムに徹した電報である。

「本日天気晴朗ナレドモ浪高シ」は、冗長な美文ではなく、予想される海戦現場の波が高く、小艦艇の水雷艇は出撃が困難であり、かつ海戦の主役である主砲の射撃に大きな影響があることをズバリ表現したもの。

シンプル・イズ・ベストといわれる。

余計なものを一切合財削ぎ落とすと、洗練された、機能的に精神的にとぎすまされた、シンプルで強靭で美しい行動・組織・形となる。軍隊では「基本教練」を重視する。基本教練は規律訓練ともいわれ、部隊行動の原点である。基本教練が徹底されている部隊はまちがいなく精強部隊である。儀仗隊などその最たるものである。

軍隊では、ピラミッドのように、膨大な教範・マニュアルを整備する。教範・マニュアルの制定は「明確な目標を確立し、手順、手続き等の標準化・斉一化をはかり、部隊行動を練成」するために不可欠で、これらにより全軍が一令のもとにせいせいと行動できる。

徴兵が、出身地方を異にする他隊の徴兵とまじわり、生死の境において協力することになったという点で、これは画期的なことであった。それまで、近衛兵だけは、全国各隊から優秀な熟兵を集めて編制したので、各地の出身者がまじっていたが、一般の隊は、それぞれの師管から兵を徴していたので、地域性が強く、平民でも旧藩の意識をかなり残していた。

神戸で——東京と大阪の台兵たちは、互いに言葉つきが全く違い、ものごしもどこか異なる兵卒が、自分らと全く同じ号令で、全く同じ動作をするのを発見して、驚いたり感心したりしていた。（橋本昌樹『田原坂』——軍旗喪失前後）

東京・大阪の鎮台兵が動員されて九州へ出航する直前の、神戸におけるエピソードである。教育訓練のゆきとどいた当時の兵隊たちがあざやかにうかんでくる。

明治六年一月の国軍創設（全国に六個鎮台を設置）からわずか四年。明治政府は、全国各地の六個鎮台および北海道の屯田兵を動員し、九州の山野に集中して、薩摩士族を中心に決起した西南の役に対処した。

維新が成ったとはいえ、明治四年の廃藩置県までは旧幕府時代の幕藩体制がそのまま残っていた。中央政府は近衛兵をのぞいて統一軍隊（国軍）すら持たず、実体は全国各地の各藩がそれぞれ旧幕府時代と同様に藩兵を持っていたのだ。

明治六年八月に発足した陸軍戸山学校で、毎年、十ヵ月間教育を受けた士官・下士官が、各鎮台に原隊復帰して、基本教練や戦闘訓練を徹底しておこない、徴募された兵士を新国軍にふさわしい精兵にきたえあげた成果である。

警戒の原則（Security）

警戒の原則とは、敵を撃つために、まず、部隊の安全を確保しようとする、部隊行動の条件的な原則。部隊が、敵に奇襲されることなく行動の自由を保持しながら、「敵の戦意を破砕する」という本然の目的に専念するために、重視すべき原則。

情報の保全に失敗してやぶれた戦例はたくさんある。

日本海軍は、太平洋戦争開戦の真珠湾攻撃には情報の秘匿を徹底したが、ミッドウェー作戦では保全があまく、かつ暗号書が解読されており、惨敗をきっした。

ミッドウェー作戦の直前、呉軍港の散髪屋の親父（おやじ）までが「次はミッドウェーですね」と話していたという、笑えないエピソードがある。緒戦の勝利におごって、軍規がゆるみきっていたと断ぜざるを得ない。まさに油断大敵。

今日、戦場は宇宙、サイバー空間へと広がり、敵も正規軍からテロまで拡大し、戦線はあいまいとなっている。このような現況にかんがみ、米陸軍では「敵に期待以上の利を絶対に与えるな。このためには敵による奇襲、妨害、破壊工作、言いがかり、監視、偵察に対してあらゆる手段を講じて、我（自軍）を保全しなければならない」と、警戒の原則をより具体化している。

孫子の兵法に〝知彼知己者、百戦不殆（敵を知り己を知れば、百戦危うからず）〟とあるように、戦場で奇襲されることを防ぐためには、敵を知ることが第一。敵は戦場で相まみえる有形・無形の戦力のみならず、森羅万象ことごとくが対象。奇襲されて「想定外だった」と強弁することは、能力の欠落をごまかす言い訳にすぎない。

中国や西欧のように、他国と国境を接し、戦争に明け暮れた民族・国家は、「敵を知る」ことすなわち情報をきわめて重視する。狩猟民族的なさがであろうか。四面環海の島国で、農耕民族の血が濃い日本人は、積極的に情報を獲得するという意識がうすい。

幕末、ペリーが艦隊を率いてわが国に二度来航し、開国を強要した。ペリーは、来航前に、日本に関する三百冊もの文献を読破し、日本に関する万般の知識を得ている。『ペリー提督遠征記』という膨大な公式報告書が出版され、その序章で日本に関する事項をくわしく述べている。序章だけでも文庫本で百五十ページをこす分量だ。（日本交渉学会会長・藤田忠氏講演資料を参照）

幕閣は「オランダ風説書」などからペリーの来航を事前に承知していたが、情報を独占するだけで、何の準備もなく黒船をむかえた。日米の情報ギャップは鎖国という特異な状況もあるが、「敵を知る」努力・執念のうすさ、情報軽視は私たち日本人の通弊のようだ。

ペリー艦隊が来航した当時、幕府は東京湾入り口の観音崎—富津間を絶対阻止線として、外国艦船を江戸湾に一歩も入れない方針だった。このための具体的な防備手段として、観音崎や房総半島などに台場（砲台）を構築し、大砲をそなえた。

当時のわが国の青銅製前装滑腔砲は、有効射程一キロ内外で、砲丸を発射した。観音崎―富津間の距離は八キロ、三浦半島の観音崎と房総半島の富津の双方に大砲をすえても、浦賀水道の中央部には砲弾はとどかない。幕府のいう絶対阻止線などは机上の観念論にすぎず、実体は張り子のトラだった。

これと似たような話がある。太平洋戦争の山場で、わが統帥部は地図上で〝絶対国防圏〟を設定し、当時の首相は「サイパンは難攻不落」と豪語した。ふたを開けてみると、実体は絵にかいたモチで、サイパン島はあえなく陥落した。

警戒の原則は、つきつめて言えば奇襲防止である。何もしないにひとしい。警戒奇襲を防止する具体的な政策なり施策に結びつかなければ、何もしないにひとしい。警戒の原則はかけごえだけでは何らの成果をも生まない。実行動として目に見える形―政策、施策になってはじめて価値を生ずる。

第二章で細部を述べたように、今日の米陸軍は状況判断プロセスの中に「危険見積」をとりいれている。作戦に危険はつきものだが、危険をおそれず、危険要因をみきわめ、危険をコントロールしながら任務に邁進することが不可欠である。（第二章戦術の基盤・状況判断を参照されたい）

米陸軍は、危険見積を指揮官、リーダー、そして兵士一人ひとりの状況判断のツールとして重視し、指揮官以下一兵士にいたるまで危険見積を実施し、危険と任務遂行の費用対効果のバランスをとることを要求している。

二〇一五年四月二十二日、首相官邸屋上で小型無人機（ドローン）が発見された。丸腰、無防備の警備実態が白日の下にさらされた。サイバー空間が第五の戦場といわれる時代にかかわらず、地上だけしか警備していなかったのだ。

ドローンは二週間近く官邸屋上に鎮座していた。十日以上も泥棒にはいられたことを知らなかったということだが、最も重要な警備対象に深刻な欠陥があった。「想定外で、盲点をつかれた」との政府関係者の言が報道されていた。

ドローンに時限爆弾やサリンなどの化学剤が搭載されておれば、官邸の機能に重大な影響をあたえたであろう。そのこと以上に、国家中枢警備の脆弱性を世界中に知らしめ、物笑いになったことうたがいなし。完璧に奇襲されたという事実の重さを知るべし。

フランスで原発上空を飛翔するドローンが多数見つかり、アメリカのホワイトハウス敷地内にドローンが墜落した事件があったばかり。官邸の警備に任じていた部署は、このような事例を他人事としてあまく見ていたのではないか？

主要参考図書＊『野外令第1部の解説（改定版）』（陸上自衛隊幹部学校修親会、昭和四十五年発行）＊『師団の解説』（陸上自衛隊幹部学校修親会、昭和四十三年発行）＊『師団兵站概説』（陸上自衛隊幹部学校修親会、昭和四十五年発行）＊『戦術学教程全』（昭和十六年印刷、陸軍経理学校用教科書）＊教育総監部校閲『作戦要務令註解』（昭和十四年版）＊教育総監部編『歩兵操典註解』（昭和十六年刊）＊大橋武夫解説『統帥綱領』（建帛社）＊戦理研究委員会編『戦理入門』（田中書店、昭和四十四年発行）＊陸戦学会戦理研究会編『戦理入門』（陸戦学会、平成七年発行）＊吉橋戒三『戦術教育百話』（陸上自衛隊幹部学校修親会、昭和四十四年発行）＊武岡淳彦『方面隊運用序説』（陸上自衛隊幹部学校修親会、昭和五十一年発行）＊西浦進『兵学入門—兵学研究序説—』（田中書店、昭和四十二年発行）＊猪瀬直樹『昭和16年夏の敗戦』（中公文庫）＊大井篤『海上護衛戦』（角川文庫）＊堀栄三『大本営参謀の情報戦記——情報なき国家の悲劇』（文春文庫）＊長嶺秀雄『戦場学んだこと、伝えたいこと』（並木書房）＊火野葦平『土と兵隊・麦と兵隊』・『花と兵隊』（社会批評社）＊デーヴ・グロスマン著、安原和見訳『戦争に於ける「人殺し」の心理学』ちくま学芸文庫）＊下園壮太『平常心を鍛える』（講談社＋α新書）＊米陸軍野外教令『FM3-0 OPERATIONS』・『FM5-0 THE OPERATIONS PROCESS』・『FM3-21.31 THE STRYKER BRIGADE COMBAT TEAM』・『FM2-0 Intelligence』・『FM3-90 TACTICS』・『FM3-21.11 THE SBCT INFANTRY RIFLE COMPANY』＊槙智雄『防衛の務め　自衛隊の精神的拠点』（中央公論新社）＊槙智雄『米・英・仏士官学校歴訪の旅』（甲陽書房）＊木元寛明『陸自教範「野外令」が教える戦場の方程式』（光人NF文庫）＊木元寛明『自衛官が教える「戦国・幕末合戦」の正しい見方』（双葉社）＊木元寛明『米陸軍モジュラー・フォースの概要』（軍事研究二〇一二年八・九・十二月号）＊木元寛明『指揮官　思索の足跡』（かや書房）＊落合豊三郎『孫子例解』（覆刻版、軍事教育会発行・大正六年刊）＊佐藤徳太郎『ジョミニ・戦争概論』（原書房）＊ANTOINE-HENRI-BARON DE JOMINI『The Art of WAR』（一八六二版の復刻、ドーバー出版社）＊MICHAEL E. HASKEW『TANK 100 YEAS OF THE WORLD MOST IMPORTANT ARMORED MILITARY VEHICL』（ZENITH PRESS）＊J・F・C・フラー『THE FOUNDATIONS OF THE SCIENCE OF WAR』（ハッチンソン社、一九二六年）＊J・F・C・フラー『Lectures on F.S.R.2』（シフトン・プラエド社、一九三一年）＊J・F・C・フラー『Armored Warfare』（ミリタリー・サービス出版社、一九五五年）＊アルフレッド・T・マハン『米国海軍戦略　陸軍作戦原則との比較対照』（海軍軍令部訳、原書房）＊麻田貞雄編・訳『マハン海上権力論集』（講談社学術文庫）＊島田謹二『アメリカにおける秋山真之』（朝日新聞社）＊戸高一成編『秋山真之戦術論集』（中央公論新社）＊マイケル・I・ハンデル・杉之宜生／野間陽一訳『米陸軍戦略大学校テキスト孫子とクラウゼヴィッツ』（日本経済新聞出版社）＊小倉貞男『ドキュメント　ヴェトナム戦争全史』（岩波現代文庫）＊三野正洋『わかりやすいベトナム戦争』（光人社NF文庫）＊司馬遼太郎『人間の集団について　ベトナムから考える』（中公文庫）＊毛澤東選集刊行会編訳『毛澤東選集第二・三巻』（三一書房）＊武田泰淳・竹内実『毛沢東　その詩と人生』（文藝春秋）＊伊藤正徳『軍閥興亡史Ⅲ』（文藝春秋新社）＊防衛庁防衛研修所戦史室著『関東軍〈1〉対ソ戦備・ノモンハン事件』（朝雲新聞社）＊伊藤桂一『静かなノモンハン』（講談社文芸文庫）＊伊藤桂一『兵隊たちの陸軍史』（新潮文庫）＊須見新一郎『〈復刻版〉実戦寸描』（日本興行㈱会長　小林博明）＊アルヴィン・D・クックス、岩崎俊夫訳『ノモンハン①〜④』（朝日文庫）＊外務省資料『日中歴史共同研究』＊ハーバート・A・サイモン、稲葉元吉・倉井武夫共訳『意思決定の科学』（産能大）＊ロバート・ケネディ、毎日新聞社外信部訳『一三日間　キューバ危機回顧録』（中公文庫）＊野中郁次郎『企業進化論　情報創造のマネジメント』（日経ビジネス人文庫）＊野中郁次郎共著『戦略の本質　戦史に学ぶ逆転のリーダーシップ』（日経ビジネス人文庫）＊野中郁次郎共著『失敗の本質　日本軍の組織論的研究』（中公文庫）＊論文集・中山茂編『幕末の洋学』（ミネルヴァ書房）＊佐藤昌介『高野長英』（岩波新書）＊佐藤昌介校注『崋山・長英論集』（岩波文庫）＊静岡県立中央図書館・電子図書館システム『三兵答古知幾』・『提綱答古知幾』（葵文庫）＊高野長英『三兵答古知幾』（高野長英全集第三巻、高野長英全集刊行会、昭和五年発行、非売品）＊飯田耕司『改定 軍事OR入門 情報化時代の戦闘の科学』（三恵社）＊佐藤總夫『自然の数理と社会の数理Ⅰ微分方程式で解析する』（日本評論社）＊リチャード・ウィッテル、赤根洋子訳『無人暗殺機ドローンの誕生』（文藝春秋）＊斎藤聖二『北清事変と日本軍』（芙蓉書房出版）＊ニック・タース、布施由紀子訳『動くものはすべて殺せ―アメリカ兵はベトナムで何をしたか』（みすず書房）

NF文庫本書き下ろし作品

NF文庫

戦術学入門

二〇一六年二月十八日　印刷
二〇一六年二月二十四日　発行

著　者　木元寛明

発行者　高城直一
発行所　株式会社　潮書房光人社
〒102-0073　東京都千代田区九段北一-九-十一
振替／〇〇一七〇-六-五四六九三
電話／〇三-三二六五-一八六四㈹
印刷所　モリモト印刷株式会社
製本所　東　京　美　術　紙　工
定価はカバーに表示してあります
乱丁・落丁のものはお取りかえ致します。本文は中性紙を使用

ISBN978-4-7698-2930-0　C0195
http://www.kojinsha.co.jp

NF文庫

刊行のことば

第二次世界大戦の戦火が熄(や)んで五〇年――その間、小社は夥しい数の戦争の記録を渉猟し、発掘し、常に公正なる立場を貫いて書誌とし、大方の絶讃を博して今日に及ぶが、その源は、散華された世代への熱き思い入れであり、同時に、その記録を誌して平和の礎とし、後世に伝えんとするにある。

小社の出版物は、戦記、伝記、文学、エッセイ、写真集、その他、すでに一、〇〇〇点を越え、加えて戦後五〇年になんなんとするを契機として、「光人社NF（ノンフィクション）文庫」を創刊して、読者諸賢の熱烈要望におこたえする次第である。人生のバイブルとして、心弱きときの活性の糧(かて)として、散華の世代からの感動の肉声に、あなたもぜひ、耳を傾けて下さい。